最新版

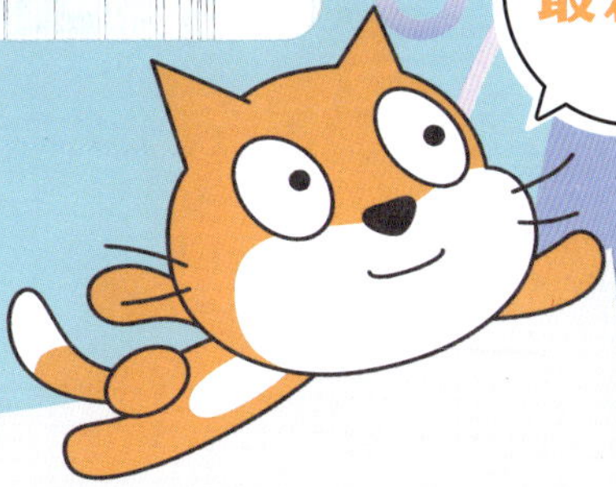

SCRATCH 3.0
創意程式設計融入學習領域

含 GTC 全民科技力認證

基礎
- 互動程式設計 (L1)
- 結構化與模組化程式設計 (L2)
- 演算法程式設計 (L3)

王麗君　編著

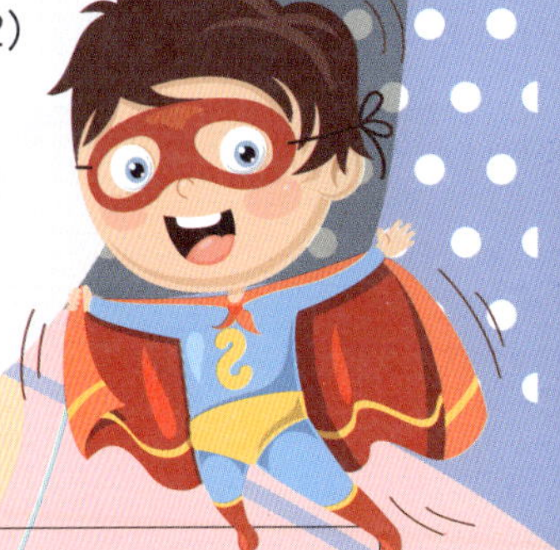

本章影音教學與範例程式

為方便讀者學習，本書的影音教學和範例程式等相關檔案請至本公司 MOSME 行動學習一點通網站（http://www.mosme.net），於首頁的關鍵字欄輸入本書相關字（例：書號、書名、作者）進行書籍搜尋，尋得該書後即可於 [學習資源] 頁籤下載範例程式。

序言

　　Scratch 是美國麻省理工學院媒體實驗室（MIT Media Lab）所發展的視覺化圖形介面程式語言，只要輕鬆堆疊積木，就能將自己的想法轉換成互動故事、藝術、音樂、遊戲或動畫，同步培養邏輯思考能力、創造力與想像力，適合程式語言初學者或想參加 Scratch 程式設計能力認證的學習者。

　　本書將 Scratch 3 的創意程式設計融入學習領域，應用運算思維架構在主題式範例程式設計，依據 108 課程綱要將 Scratch 3 的特色融入各學習領域，輕鬆激發學習者的多元智慧、創造力與想像力。同時，主題範例程式設計從動畫情境腳本規劃、自己的創意規劃、流程設計、動手堆疊積木到延伸學習，循序漸進，引導學習者觸類旁通、舉一反三，將自己的創意想法轉換成 Scratch 程式的執行結果，培養運算思維能力、問題解決能力與邏輯思考能力。

　　本書的完成感謝台科大圖書范文豪總經理的支持與其團隊的協助，讓本書能夠順利完成。在此將本書獻給想激發想像力、創造力、邏輯思考能力、問題解決能力與想挑戰自己潛能或對 Scratch 競賽有興趣的您，讓我們一起進入 Scratch 無窮盡想像力的世界吧！

王麗君

目錄

1 認識身體器官

1-1	Scratch 3 簡介	2
1-2	Scratch 3 視窗環境	4
1-3	角色與造型	5
1-4	舞台與背景	7
1-5	角色造型與舞台背景繪畫功能	8
1-6	認識身體器官	11
1-7	身體器官定位在舞台兩側	12
1-8	點擊身體器官滑行	14
課後習題		19

2 生日派對

2-1	生日派對腳本規劃	22
2-2	生日派對流程設計	23
2-3	角色播放太空漫步	23
2-4	播放歌曲	25
2-5	碰到滑鼠變換造型	29
2-6	演奏音階	34
課後習題		37

3 樂透彩球

3-1	樂透彩球腳本規劃	40
3-2	樂透彩球流程設計	41
3-3	新增角色	41
3-4	廣播開始選號	44
3-5	彩球移動	46
3-6	選中號碼移動	48
課後習題		57

4 畫正多邊形

4-1	畫正多邊形腳本規劃	60
4-2	畫正多邊形流程設計	60
4-3	設定畫筆與角色定位	61
4-4	畫正三角形	64
4-5	畫正六邊形	67
4-6	畫正多邊形	70
課後習題		74

5 我的家庭稱謂連連看

5-1	我的家族稱謂連連看腳本規劃	78
5-2	我的家族稱謂連連看流程設計	79
5-3	定位家族稱謂	80
5-4	角色從舞台右邊往左移動	81
5-5	角色跟著滑鼠游標移動	85
5-6	偵測角色間距離	86
5-7	計算個數與計時器	90
課後習題		92

7 貓咪闖天關

7-1	貓咪闖天關腳本規劃	116
7-2	貓咪闖天關流程設計	118
7-3	切換背景與設定角色	119
7-4	障礙重複旋轉	126
7-5	鍵盤控制角色移動	127
7-6	角色偵測顏色移動	128
7-7	闖關成功與失敗	131
課後習題		134

6 身分證驗證機

6-1	身分證驗證機腳本規劃	94
6-2	身分證驗證機流程設計	95
6-3	輸入並說出身分證字號	96
6-4	計算驗證碼	100
6-5	判斷輸入身分證是否正確	110
課後習題		113

8 英文語音翻譯與打字

8-1	英文語音翻譯與打字腳本規劃	138
8-2	英文語音翻譯與打字流程設計	139
8-3	翻譯	140
8-4	文字轉語音	143
8-5	英文打字與語音	144
課後習題		147

課後習題解答   149

Chapter 1 認識身體器官

　　本章將簡介「Scratch 3 的基本組成要素」，並應用 Scratch 3 的動作積木，設計「認識身體器官」的專題。

　　在程式中開始點擊綠旗時，身體器官會隨機定位在舞台兩側，可同步設定器官尺寸的大小。而當點擊身體各器官時，每個器官會滑行到身體的正確位置，並縮小尺寸想著或說出器官名稱。

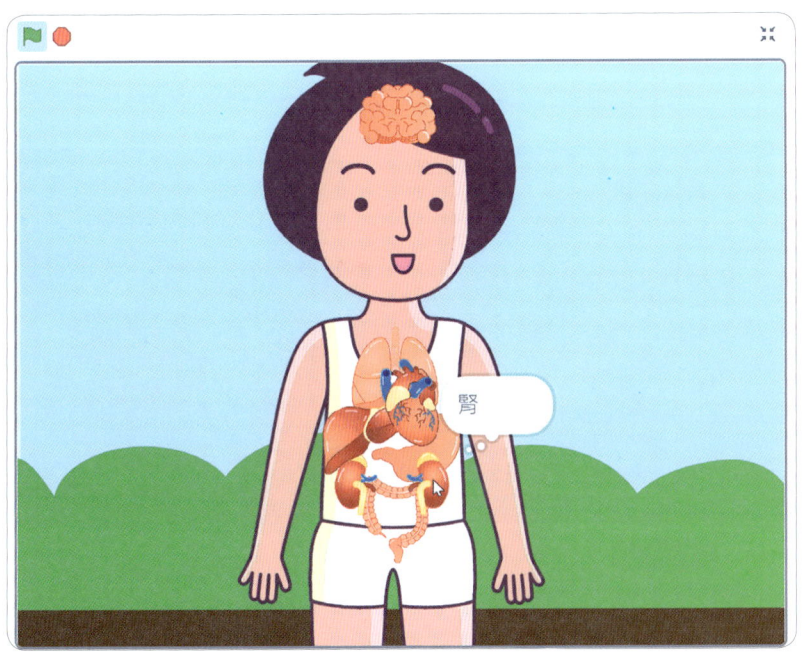

學習目標

1. 認識 Scratch 3 的特性。
2. 理解 Scratch 3 基本組成要素。
3. 理解並能夠新增 Scratch 3 的角色與造型。
4. 理解並能夠新增 Scratch 3 的舞台與背景。
5. 應用 Scratch 3 在認識身體器官程式設計。

1-1 Scratch 3 簡介

Scratch 3 是美國麻省理工學院媒體實驗室終身幼兒園團隊（MIT Media Lab）所開發的圖形化程式語言，它具有下列特性：

一 免費自由軟體

Scratch 3 是免費自由軟體，分成網頁連線編輯器（Online Website editor）與離線編輯器（Scratch app），Scratch 3.0 版目前已被 200 個以上的國家翻譯成 70 多種語言，能夠在 Windows、MacOS 作業系統執行。

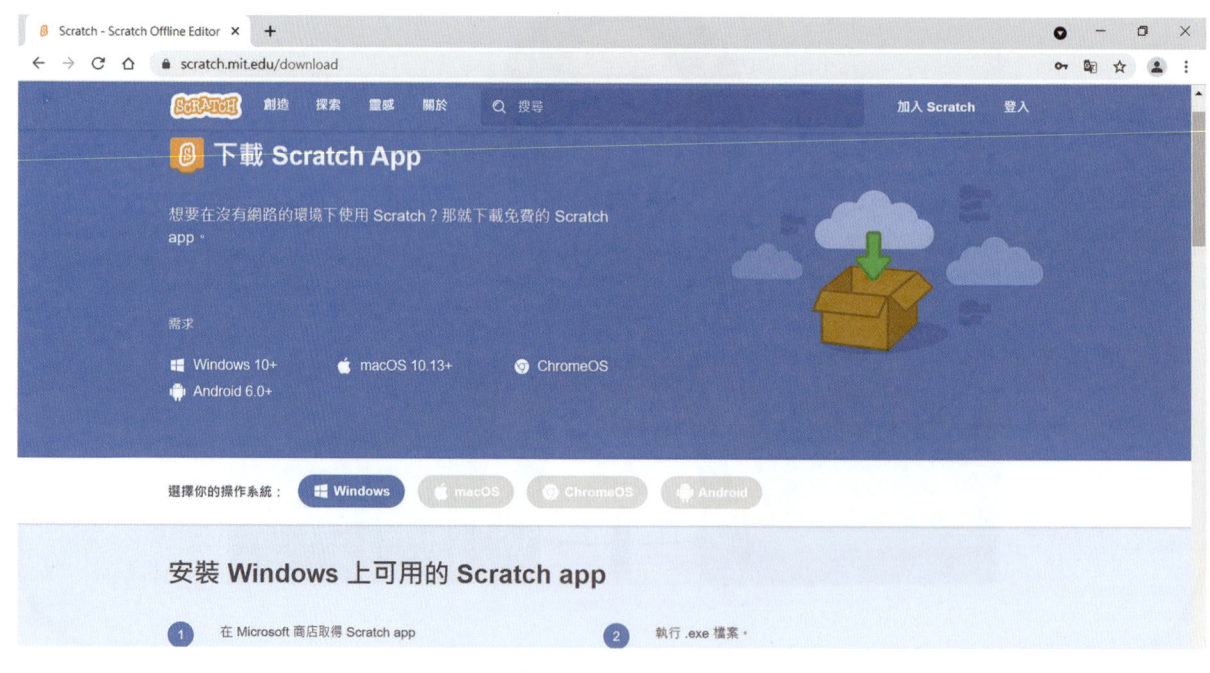

❋ 圖 1-1　Scratch 下載畫面

二 社群分享

使用者完成的 Scratch 專題能夠上傳到官方網站的 Scratch 園地，藉此跟全世界的人分享。分享專題創作或瀏覽他人作品時都受到「數位千禧年著作權法案（DMCA）」的保護，Scratch 分享平台上目前分享已累計超過一億件專案，在合理使用原則下，平台會提供學習者具教育性及非營業創作與學習程式語言的管道。

✽ 圖 1-2　Scratch 園地

三　連結實體世界

　　Scratch 3 新增翻譯與語音功能，並將程式設計結合生活中常見的智慧科技，例如：micro: bit、LEGO、Makey 等實體裝置結合，讓學習者利用積木創造更多的互動式故事、動畫、遊戲、音樂或藝術等。從運用 Scratch 寫程式的過程中，可以培養程式設計運算思維能力、創造力、邏輯思考能力、問題解決能力與合作共創的能力。

✽ 圖 1-3　Scratch 與智慧科技的結合

1-2 Scratch 3 視窗環境

Scratch 3 主要視窗環境分成四個區域：積木、程式、舞台、角色與背景。

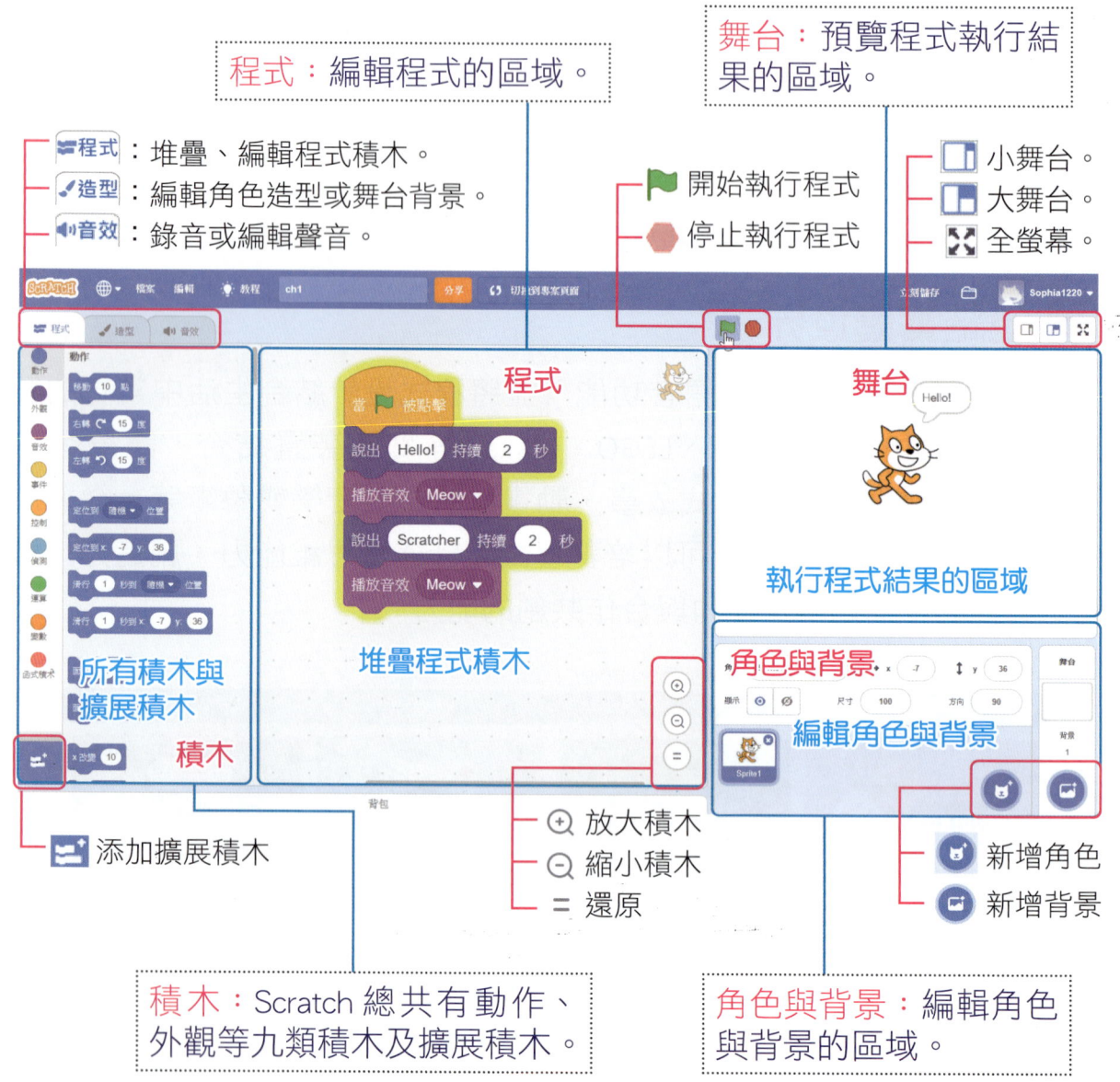

1-3 角色與造型

Scratch 3 的角色能夠設計程式，角色造型繪畫區能夠新增多個造型。

一、新增角色的方式

Scratch 3 新增角色的方式包括下列四種：

1. 選個角色

 從角色範例中選擇角色造型。

2. 繪畫

 在造型區畫新的角色造型。

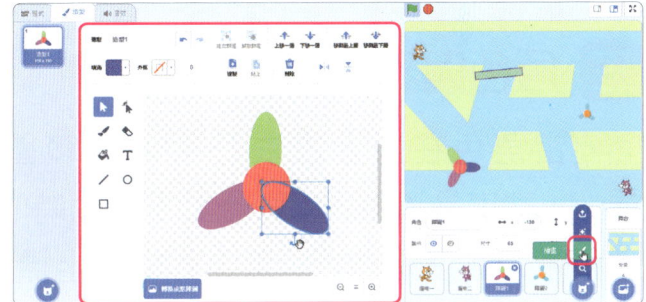

3. 驚喜

 從角色範例中隨機選擇角色造型。

4. 上傳

 從電腦上傳新的角色圖檔。

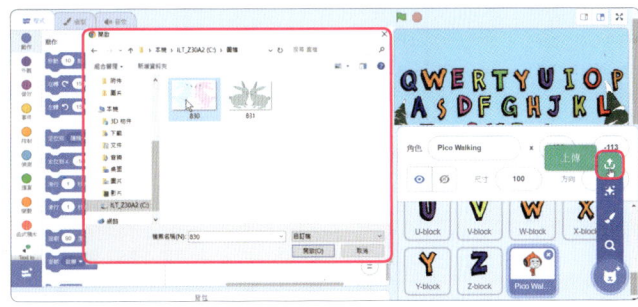

二 角色資訊

　　新增角色之後，與角色相關的資訊會顯示在舞台的下方，包括：角色的名稱、在舞台的 x 與 y 坐標、設定舞台顯示或隱藏、角色面朝的方向及角色尺寸。

三 角色與舞台

　　當角色在舞台左右移動時，範圍在 -240 ～ 240 之間，稱為「x 坐標」，寬度是 480。在舞台上下移動時，範圍在 -180 ～ 180 之間，稱為「y 坐標」，高度是 360。正中心點的坐標為（X：0，Y：0）。

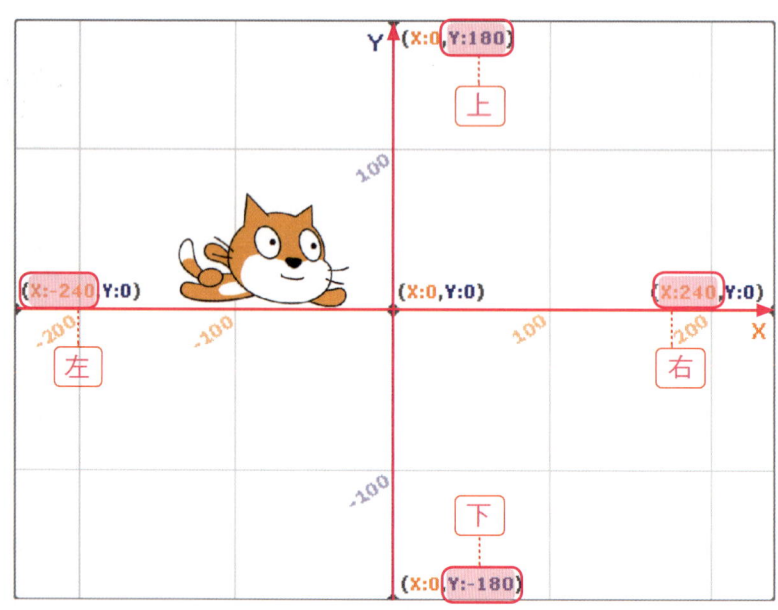

 ## 1-4 舞台與背景

　　Scratch 3 的舞台能夠設計程式，舞台背景繪畫區能夠新增多個背景。Scratch 3 新增 舞台背景的方式包括下列四種：

1. 選個背景

 從背景範例中選擇舞台背景。

2. 繪畫

 在背景畫新的舞台背景。

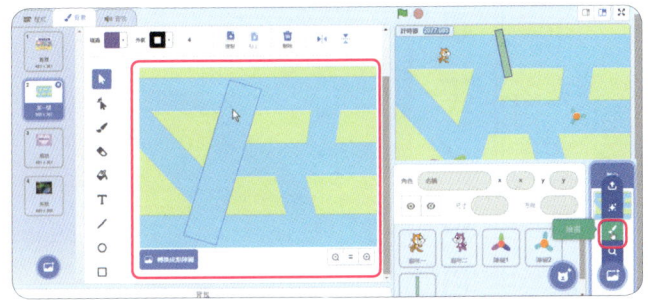

3. 驚喜

 從背景範例中隨機選擇背景。

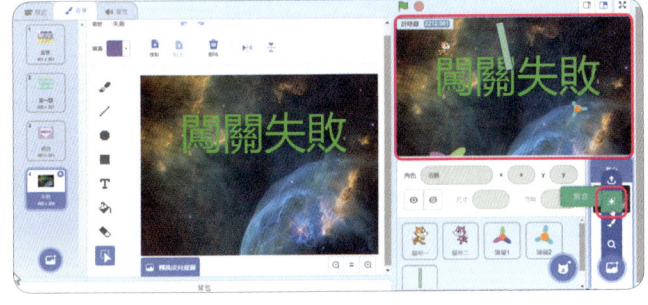

4. 上傳

 從電腦上傳新的背景圖檔。

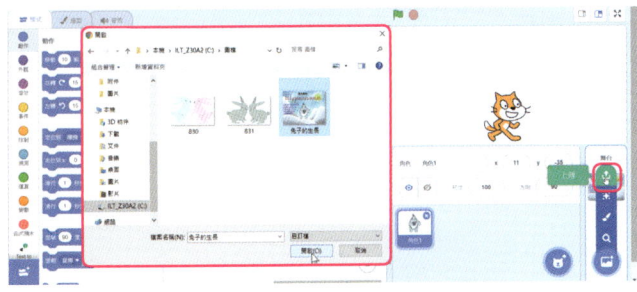

1-5 角色造型與舞台背景繪畫功能

Scratch 3 角色造型 造型 或舞台背景 背景 繪畫圖檔分為點陣圖與向量圖，兩種工具列如下所述：

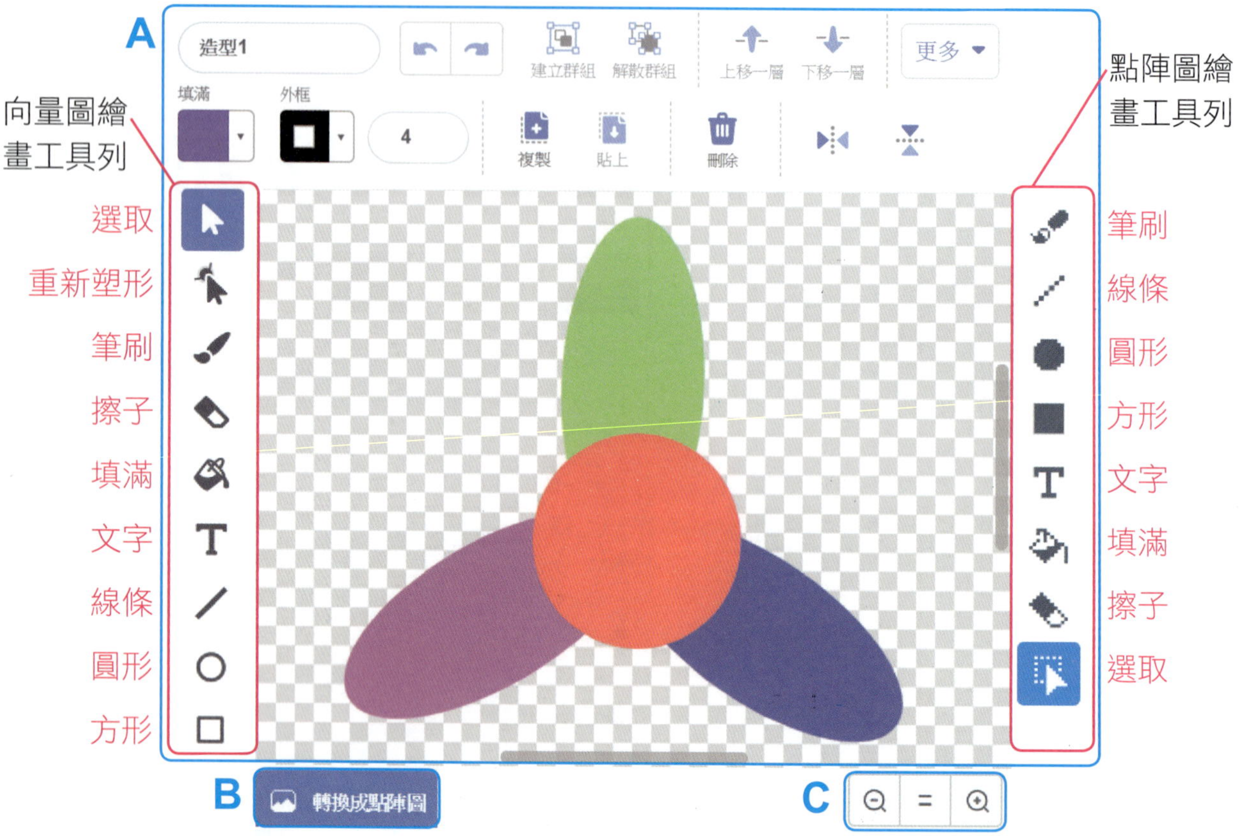

A 向量圖繪畫工具列
- 選取
- 重新塑形
- 筆刷
- 擦子
- 填滿
- 文字
- 線條
- 圓形
- 方形

點陣圖繪畫工具列
- 筆刷
- 線條
- 圓形
- 方形
- 文字
- 填滿
- 擦子
- 選取

B 轉換成點陣圖

C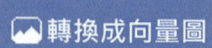

劃重點

B. 轉換成點陣圖 向量圖切換成點陣圖； 轉換成向量圖 點陣圖切換成向量圖。

C. 按 ⊕ 放大繪圖區，按 ⊖ 縮小繪圖區，按 ═ 還原 100%。

一 角色造型與舞台背景繪畫功能按鈕

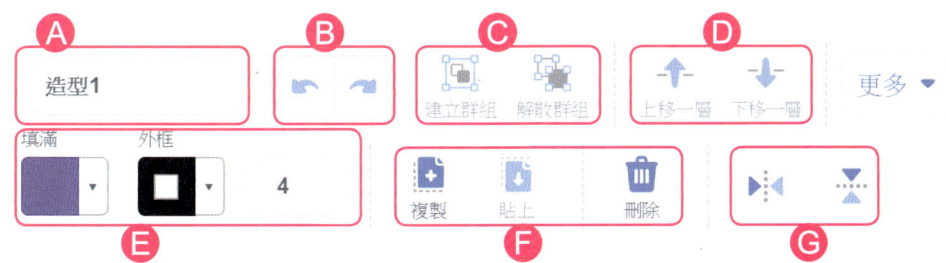

A 造型名稱【造型 1】或背景名稱。

B 復原或取消復原。

　　↶ 復原：回復上一個動作；　↷ 取消復原：取消回復上一個動作。

C 建立群組或解散群組。

　　建立群組：組合成一個物件。　　解散群組：每個元件皆可獨立編輯。

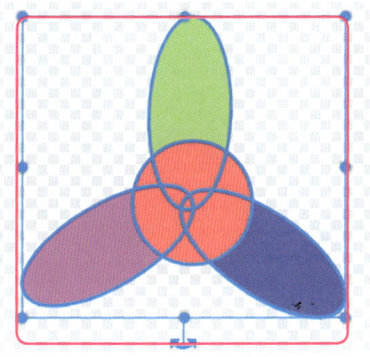
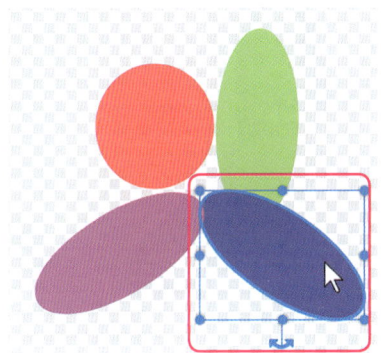

D 上移或下移一層。

　　↑ 綠色上移一層，在紅色上方。　↓ 綠色下移一層，在紅色下方。

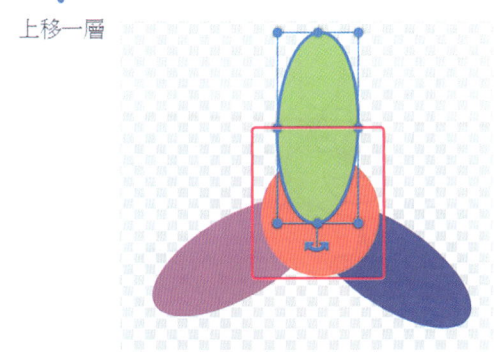
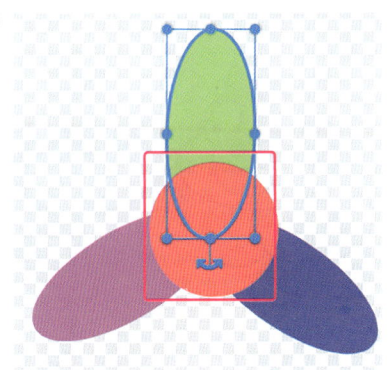

E 填滿顏色、外框顏色與線條寬度。

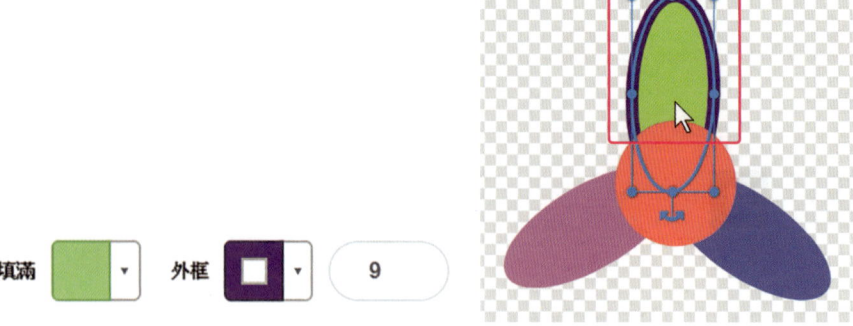

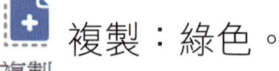 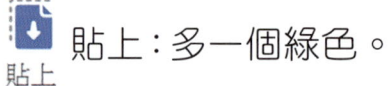

填滿「綠色」、外框「紫色」、寬度「9」。

F 複製、貼上或刪除。

複製：綠色。　　貼上：多一個綠色。　　刪除：刪除綠色。

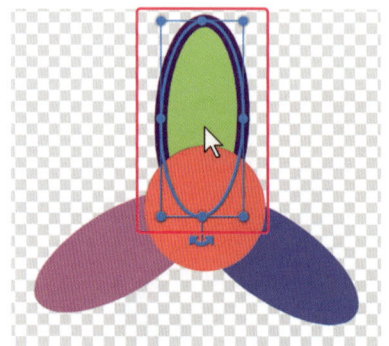 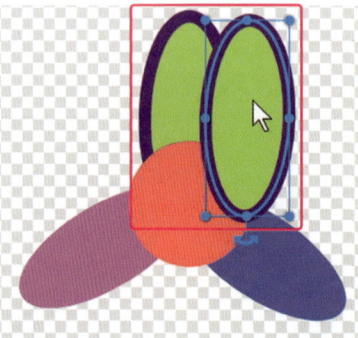 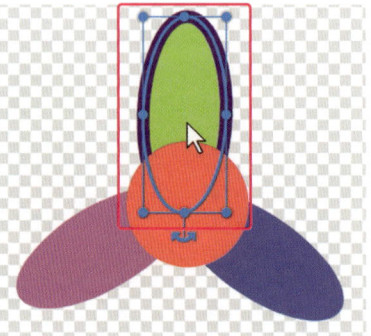

G 橫向翻轉或直向翻轉。

橫向翻轉：右邊貓咪左右翻轉。　　直向翻轉：右邊貓咪上下翻轉。

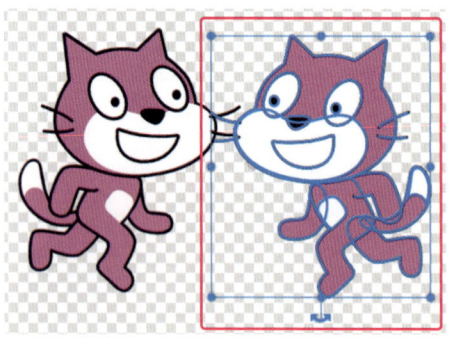 

chapter 1 認識身體器官

1-6 認識身體器官

您知道器官在身體中的位置嗎？本節將設計「認識身體器官」之專題。

在程式中開始點擊綠旗時，身體器官會隨機定位在舞台兩側，可同步設定器官尺寸的大小。而當點擊身體各器官時，每個器官會滑行到身體的正確位置，並縮小尺寸，想著或說出器官名稱。

一 認識身體器官腳本規劃

舞台	角色	動畫情境
自訂	大腦、心臟、肺、胃、腎、腸、肝	1. 點擊綠旗，將身體器官定位在舞台兩側，並設定尺寸為20%。 2. 當身體的器官被點擊，會滑行到身體的正確位置，並縮小尺寸。

二 認識身體器官流程設計

認識身體器官程式執行流程如下圖所示。

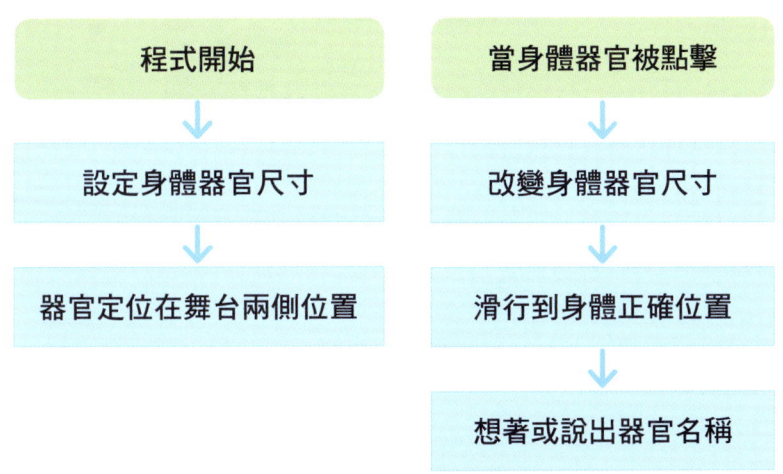

11

1-7 身體器官定位在舞台兩側

目標 程式開始點擊綠旗時,將身體器官隨機定位在舞台兩側。

分析 身體器官定位在舞台兩側。

解析 應用 動作 的 定位到 x: 0 y: 0 將身體器官定位在舞台兩側位置。

步驟

1. 點選【檔案 ➡ 從你的電腦挑選】,點選【ch1 認識身體器官 .sb3】,再按【開啟】,開啟練習檔。

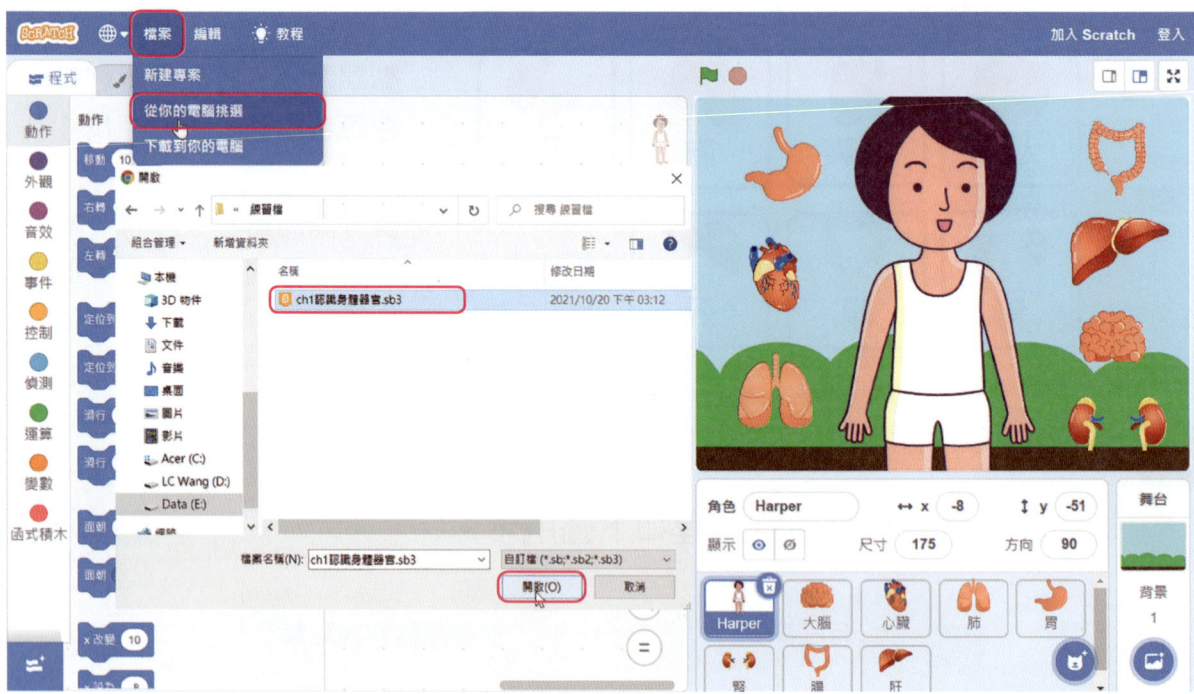

2 點選角色【Harper】，移動角色在舞台的位置，再按 事件 拖曳 當▶被點擊 。再按 動作 ，拖曳 定位到 x: -8 y: -51 。

3 重複步驟 2，依序將每個器官移到舞台兩側，拖曳定位積木如下圖所示。

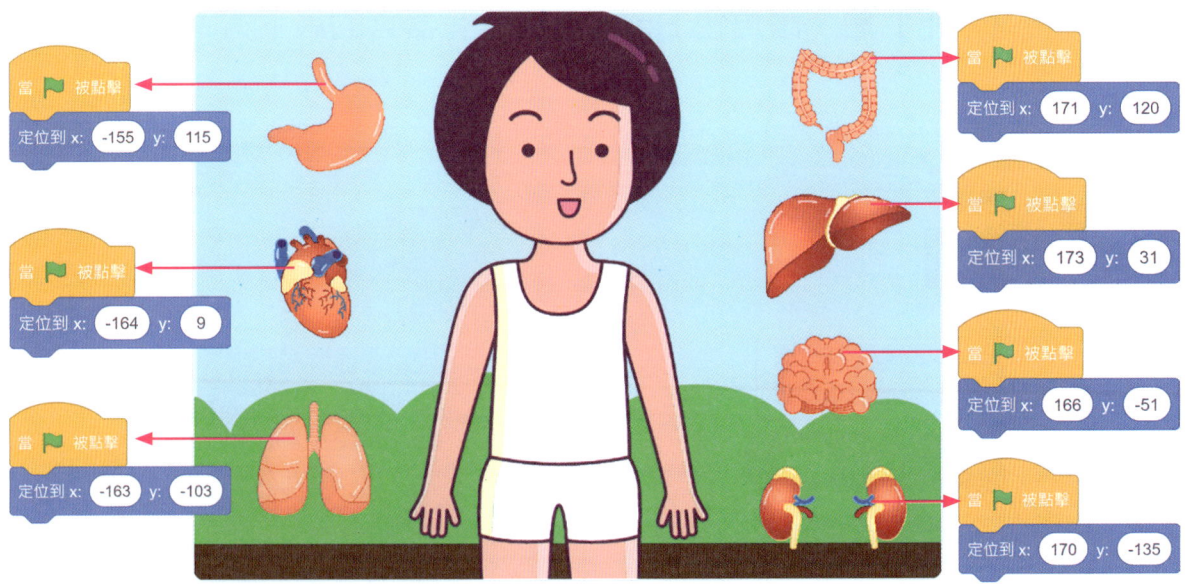

1-8 點擊身體器官滑行

一 設定身體器官尺寸與圖層

目標 當程式開始點擊綠旗時，角色 Harper 移到最下層，讓所有器官顯示在 Harper 的上方圖層。當點擊每個器官時，將每個器官縮小 5%。

分析 1. 角色 Harper 移到最下層，讓身體器官顯示在 Harper 的上方圖層。
2. 設定並縮小器官尺寸。

解析 1. 應用 外觀 的 圖層移到 最上 ▼ 層 調整角色的圖層。
2. 再應用 外觀 的 尺寸設為 100 % 設定身體器官的尺寸，與 尺寸改變 10 放大或縮小身體器官的尺寸。

步驟

1. 點選角色【Harper】，按 外觀 ，拖曳 圖層移到 最上 ▼ 層 到定位的上方，並點選【最下】層，讓角色 Harper 在所有器官的最下方。

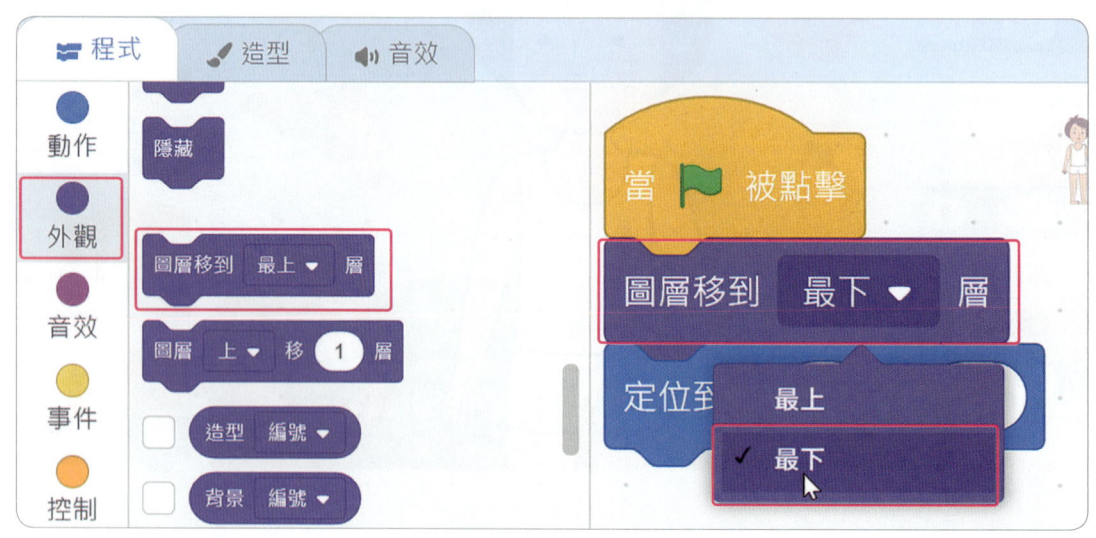

14

chapter 1 認識身體器官

2 點選角色【大腦】,拖曳 尺寸設為 100 % 到定位的上方,並輸入【20】,程式開始執行時,先縮小大腦尺寸。

3 按 ○ 拖曳 當角色被點擊 ,按 ○ 再拖曳 尺寸改變 10 ,輸入【-5】,當點擊大腦角色時,大腦縮小 5%。

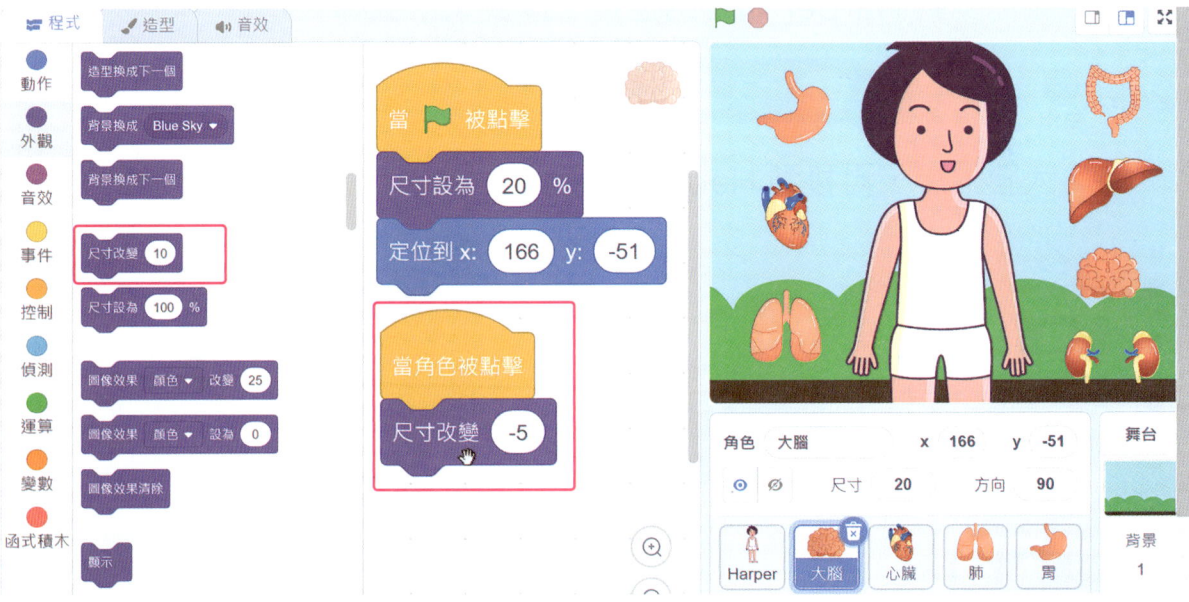

4 重複步驟 3，依序點擊心臟、肺、胃、腎、腸、肝六個角色，拖曳 `尺寸設為 100 %` 與 `尺寸改變 10` 積木，設定每個器官的尺寸與縮小尺寸。

二 點擊身體器官時移動並說出器官名稱

目標 點擊每個身體器官的時候，器官縮小、滑行到人物 Harper 身體的正確位置，同時想著或說出身體器官的名稱。

分析
1. 身體器官滑行。
2. 說出身體器官名稱。

解析
1. 應用 `動作` 的 `滑行 1 秒到 x: -2 y: 148` 讓身體器官在 1 秒之內滑行到 (x, y) 坐標的位置。
2. 再應用 `外觀` 的 `想著 Hmm... 持續 2 秒`，讓身體器官想著或說出器官的名稱。

步驟

1 將大腦拖曳到 Harper 頭部的位置，改變 x, y 坐標。

2 按 `動作`，拖曳 `滑行 1 秒到 x: -2 y: 148` 到改變尺寸的下方。當點擊大腦時，大腦縮小，再移到 Harper 頭部的位置。

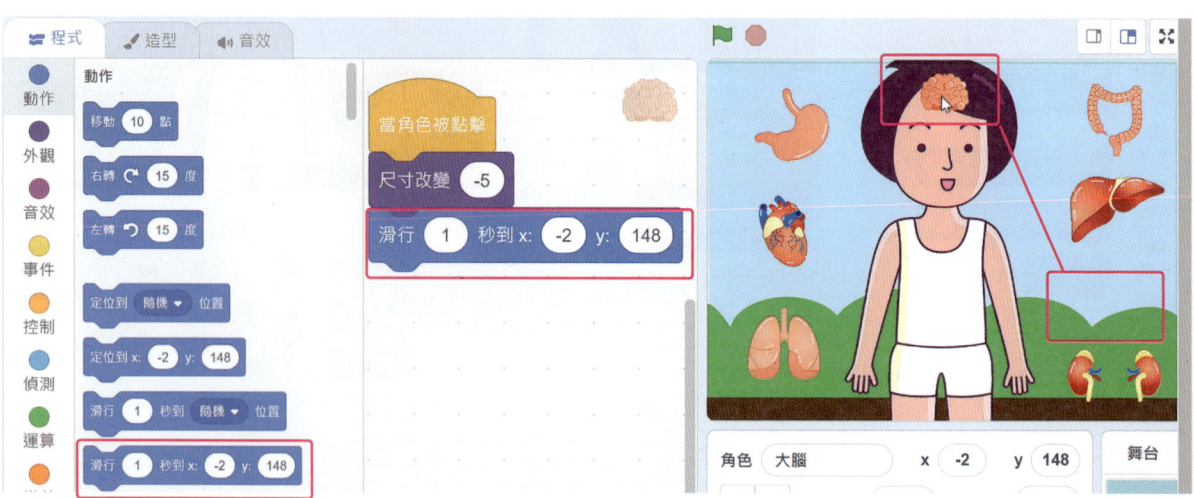

3 按 外觀，拖曳 想著 Hmm... 持續 2 秒 ，輸入【大腦】，當大腦移到 Harper 身體正確位置時，顯示大腦名稱 2 秒。

下一頁還有步驟喔！

4 重複相同步驟,依序點擊心臟、肺、胃、腎、腸、肝六個角色,拖曳相同積木,當點擊每個器官時,移到 Harper 身體的正確位置,並想著該器官名稱 2 秒。

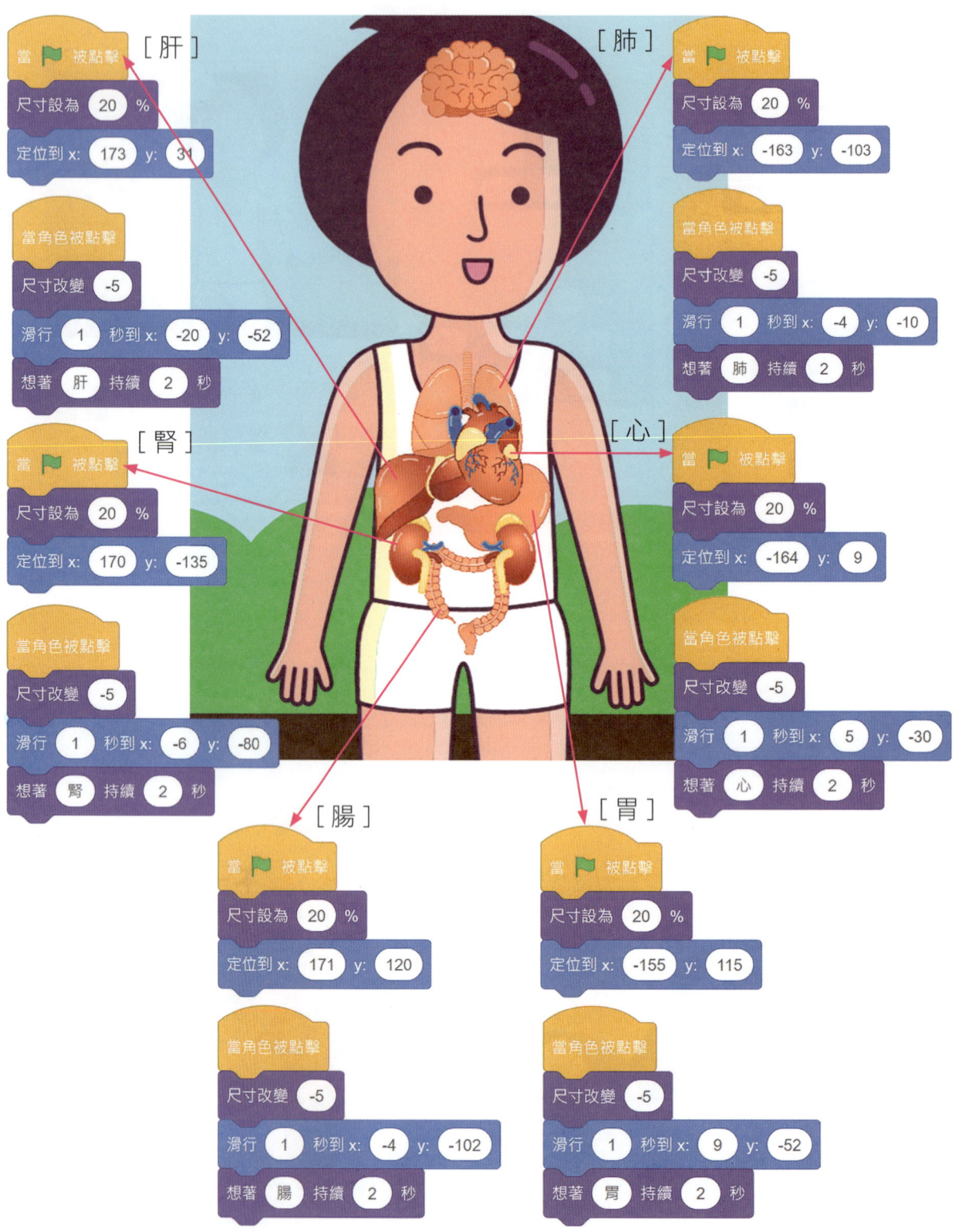

Chapter 1 課後習題

_____ 1. 關於下列角色移動積木的敘述，何者錯誤？

(A) `x 改變 10` 角色往右移動 10 點

(B) `移動 10 點` 沒有設定方向時，預設角色往右移動 10 點

(C) `滑行 1 秒到 x: 0 y: 0` 角色 1 秒滑行到 (0，0)，秒數愈大滑行速度愈快

(D) `定位到 隨機 位置` 角色定位到隨機的位置。

_____ 2. 下列哪一個積木「無法」將角色移動到「固定」的 x 坐標或 y 坐標位置？

(A) `移動 10 點`　　(B) `定位到 x: 0 y: 0`

(C) `y 設為 0`　　(D) `x 設為 10`。

_____ 3. 關於下圖舞台坐標的敘述，何者錯誤？

(A) 角色上下移動的 y 從坐標 -180～180，高度 360

(B) 角色移動的位置以坐標 (x，y) 表示

(C) 角色左右移動的 x 坐標從 -240～240，寬度 480

(D) `滑行 1 秒到 x: 0 y: 0` 能夠將角色固定在舞台坐標 (0，0)。

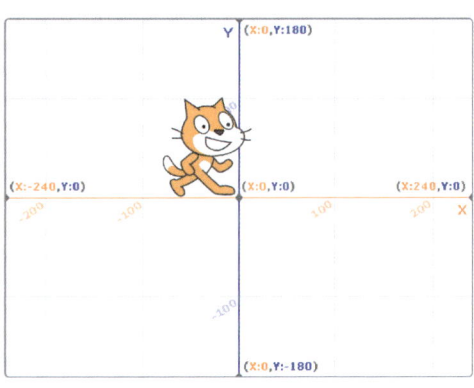

_____ 4. 關於左圖上層「小貓」與下層「汽車」，兩個角色利用「圖層」設定上層與下層關係的敘述，何者正確？

(A) 小貓使用「移到最上層」（圖層移到 最上▼ 層）積木

(B) 汽車使用「圖層上移一層」（圖層 上▼ 移 1 層）積木

(C) 小貓使用「移到最下層」（圖層移到 最下▼ 層）積木

(D) 小貓使用「下移一層」（圖層 下▼ 移 1 層）積木。

_____ 5. 關於下圖小黃說出：「我們一起去郊外走走」，小粉說出：「好呀」，應使用下列哪一個積木讓小粉的對話框不消失？

(A) 說出 Hello!

(B) 想著 Hmm... 持續 2 秒

(C) 說出 Hello! 持續 2 秒

(D) 想著 Hmm...。

Chapter 2 生日派對

　　本章將應用Scratch 3的外觀、音效與音樂積木,設計「生日派對」專題。太空人 Kiran 與 Ripley,在太空船上,為執行太空任務的機器人,他們要規畫一場生日派對。

　　程式開始執行時,Kiran 與 Ripley 重複執行漫步動畫,並互相對話,對話完播放生日快樂音效。同時,如果滑鼠游標碰到機器人就變換造型動畫,如果點擊機器人則演奏音階。

學習目標

1. 能夠設定樂器種類演奏音階。
2. 能夠設計角色動畫。
3. 能夠自動播放音效。
4. 能夠偵測目前日期或時間。

2-1 生日派對腳本規劃

太空人 Kiran 與 Ripley，在太空船上，為執行太空任務的機器人，他們要規畫一場生日派對。程式開始執行時，Kiran 與 Ripley 重複執行漫步動畫，並互相對話，對話完播放生日快樂音效。同時，如果滑鼠游標碰到機器人就變換造型動畫，如果點擊機器人則演奏音階。

舞台	角色	動畫情境
Spaceship 太空船	Kiran	1. 點擊綠旗，重複切換漫步動畫。 2. 說出：「今天是」、「＊月」、「＊日」、「讓我們一起幫機器人慶生吧！」各 1 秒。 3. 與 Ripley 一起說出：「生日快樂」2 秒。
	Ripley	1. 點擊綠旗，重複切換漫步動畫。 2. 等待 4 秒，Ripley 說完。 3. 與 Kiran 一起說出：「生日快樂」2 秒。 4. 播放「生日快樂歌曲」。
	Do、Re、Mi、Fa、So、La、Si、H-Do Do～高音 Do	1. 點擊綠旗定位到舞台位置。 2. 如果碰到滑鼠游標就切換造型。 3. 如果點擊滑鼠，則演奏音階 Do～高音 Do。

2-2 生日派對流程設計

生日派對程式執行流程如下圖所示。

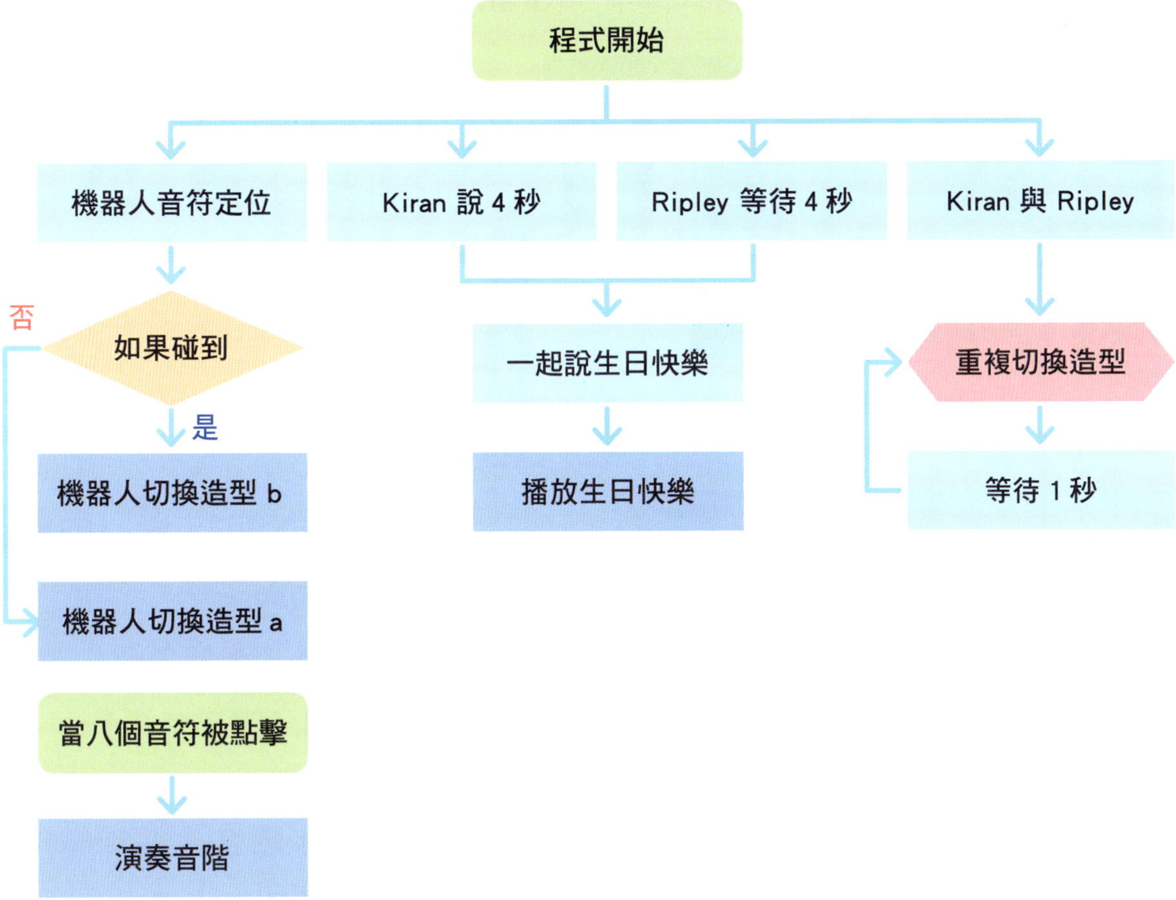

```
                        程式開始
         ┌─────────────┬─────────────┬─────────────┐
         ▼             ▼             ▼             ▼
    機器人音符定位   Kiran 說 4 秒   Ripley 等待 4 秒   Kiran 與 Ripley
         ▼             ▼             ▼             ▼
  否  ◇如果碰到◇    一起說生日快樂    重複切換造型 ◄┐
  │      │是          ▼             ▼            │
  │      ▼         播放生日快樂      等待 1 秒 ────┘
  │  機器人切換造型 b
  │      
  └─► 機器人切換造型 a
  
     當八個音符被點擊
         ▼
       演奏音階
```

2-3 角色播放太空漫步

目標 角色重複變換造型，播放太空漫步的動畫。

分析 Kiran 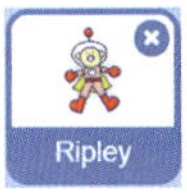 Ripley 重複變換造型，播放太空漫步的動畫。

解析 1. 應用 控制 的重複結構，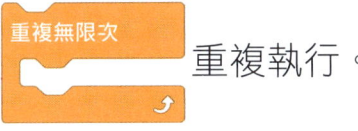 重複執行。

2. 再利用 外觀 的 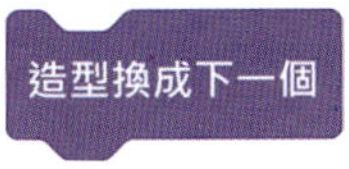 造型換成下一個 變換造型。

步驟

1 新增角色與背景

新增 Spaceship（太空船）背景、Kiran 與 Ripley 角色。

① 開啟 Scratch 3，按【檔案】【新建專案】。
② 在舞台按 🖼 或 🔍【選個背景】，點選【Spaceship（太空船）】。

③ 點選角色 1 的刪除角色。
④ 在「選個角色」，按 🔍【選個角色】。
⑤ 點選【Kiran】。
⑥ 重複步驟 3～5 新增角色【Ripley】。

2 角色重複變換造型

① 點選 Kiran，按 控制，拖曳 重複無限次 。
② 按 外觀，拖曳 造型換成下一個 到重複無限次內層。
③ 拖曳 ，每 1 秒變換一個造型。
④ 將積木拖曳到 Ripley 複製。

2-4 播放歌曲

目標 Kiran 與 Ripley，對話結束，播放生日快樂歌曲。

一、說出今天的月、日

分析 1. Kiran 說出：「今天是」、「＊月」、「＊日」、「讓我們一起幫機器人慶生吧！」各 1 秒。

2. Ripley 需要先等待 4 秒，等待 Kiran 說完，再與 Kiran 一起說出：「生日快樂」2 秒。

解析 1. 應用積木 說出 Hello! 持續 2 秒 說出「生日快樂」。

2. 再利用 偵測 的 目前時間的 年 偵測目前電腦的日期。

3. 利用 運算 的 字串組合 apple banana 積木將說出的「文字」與偵測的「日期」組合成「＊月」。

4. 應用積木 等待 1 秒 控制執行時間，讓 Ripley 等待。

二、播放歌曲

分析 角色說完播放生日快樂歌曲。

解析 應用 音效 的  播放音效。

步驟

1 設計「播放歌曲」程式

角色	動作
Kiran	① 說出：「今天是」、「＊月」、「＊日」、「讓我們一起幫機器人慶生吧！」各 1 秒 ② 與 Ripley 一起說出：「生日快樂」2 秒。
Ripley	① 等待 4 秒，等 Kiran 說完。 ② 與 Kiran 一起說出：「生日快樂」2 秒。 ③ 播放「生日快樂歌曲」。

2 Kiran 先說 4 秒

① 點選 Kiran，按 外觀，拖曳 4 個 「說出 Hello! 持續 2 秒」，分別在第 1 句輸入【今天是】，第 4 句輸入【讓我們一起幫機器人慶生吧！】各一秒。

② 按 運算，拖曳 2 個 「字串組合 apple」、「字串組合 apple banana」到「Hello!」。

③ 在「banana」位置分別輸入【月】與【日】。

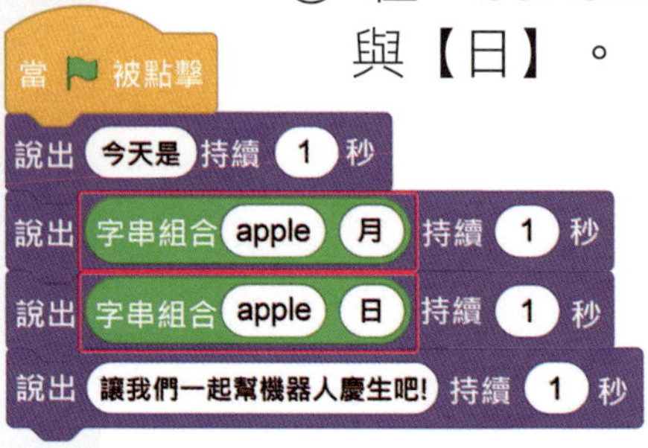

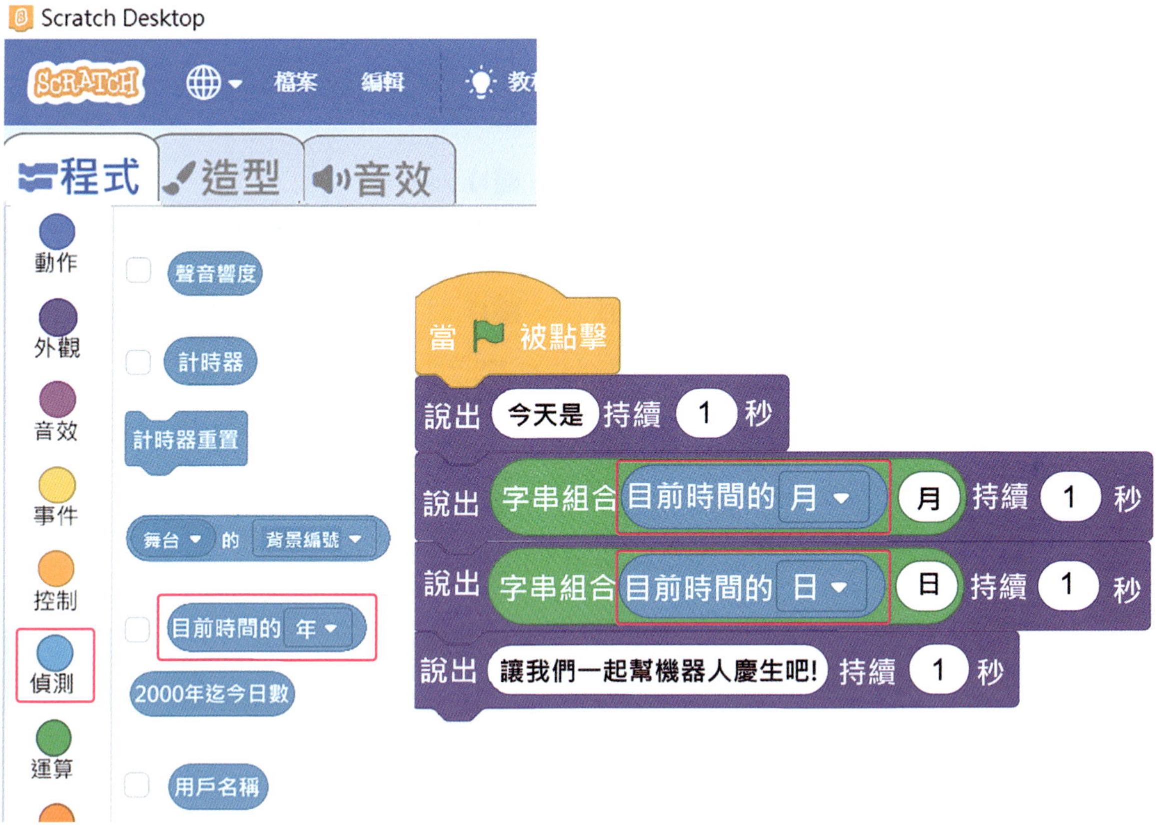

chapter 2 生日派對

④ 點選 ，拖曳 2 個 目前時間的 年▼ 到「apple」位置。

⑤ 分別點選【月】與【日】。

⑥ 按 ▶，檢查 Kiran 是否說出「今天是」、目前電腦時間的「＊月」與「＊日」、「讓我們一起幫機器人慶生吧！」各 1 秒。

3 Ripley 說完播音效：Ripley 等待 4 秒，Kiran 說完時，與 Kiran 一起說出「生日快樂」2 秒，並播放生日快樂音效。

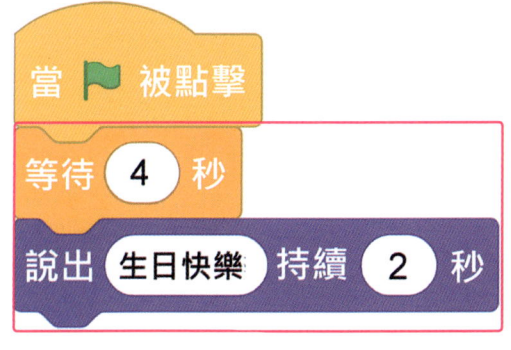

① 點選 Ripley，拖曳左圖積木，分別輸入【4】與【生日快樂】2 秒。

② 複製積木到 Kiran。Ripley 與 Kiran 一起說出：「生日快樂」。

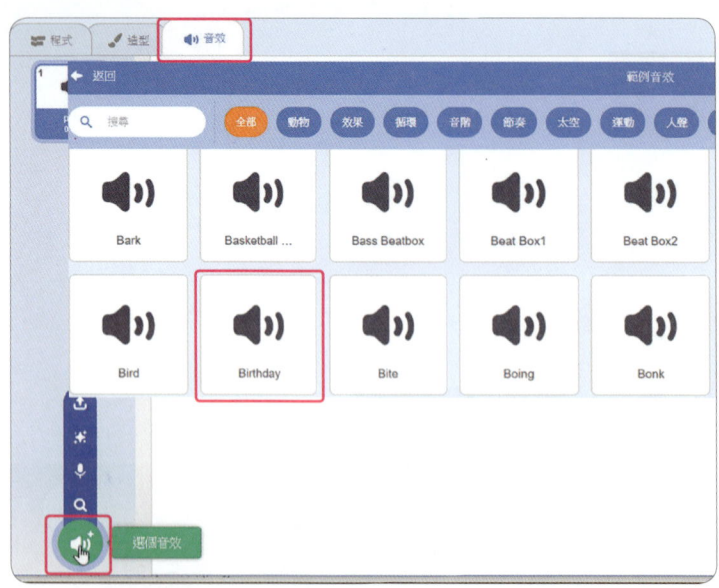

③ 按 音效 的【選個音效】,點選【Birthday】(生日)。

④ 按 程式 的 音效,拖曳 播放音效 Meow▼ 直到結束 。

⑤ 按 ▼,點選【Birthday】。

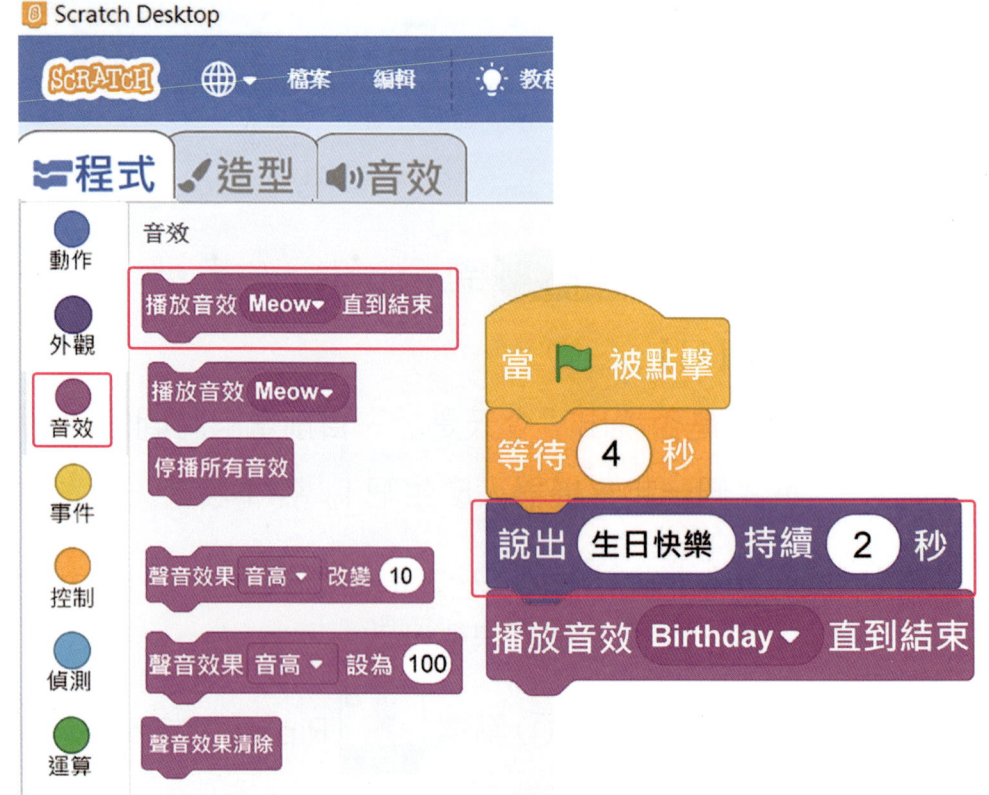

劃重點

播放音效時,請開啟電腦喇叭。

2-5 碰到滑鼠變換造型

目標 新增 8 個機器人角色，讓機器人演奏音階從「Do ～ 高音 Do」。如果機器人碰到滑鼠就變換造型，否則（沒有碰到）就切換原來造型。

分析 Do ～ 高音 Do，點擊綠旗定位到舞台位置，如果碰到滑鼠游標就切換造型。

解析
1. 應用 偵測 的  偵測是否碰到滑鼠游標。

2. 應用 控制 的 如果 那麼 否則 判斷是否碰到。

3. 應用 控制 的 重複直到 重複執行偵測判斷是否碰到滑鼠游標。

4. 如果碰到再應用 外觀 的 造型換成 costume1 變換造型。

步驟

1 在 「選個角色」，按 【選個角色】。

2 點選【Retro Robot】（機器人）。

3 點選角色「Retro Robot」，輸入【Do】，更改角色名稱。

4 尺寸輸入【50】。

5 調整角色在舞台的位置。

6 重複步驟 1 ～ 5，新增 7 個角色，分別命名為「Re」～「H-Do」（高音 Do）。

Scratch3.0 創意程式設計融入學習領域

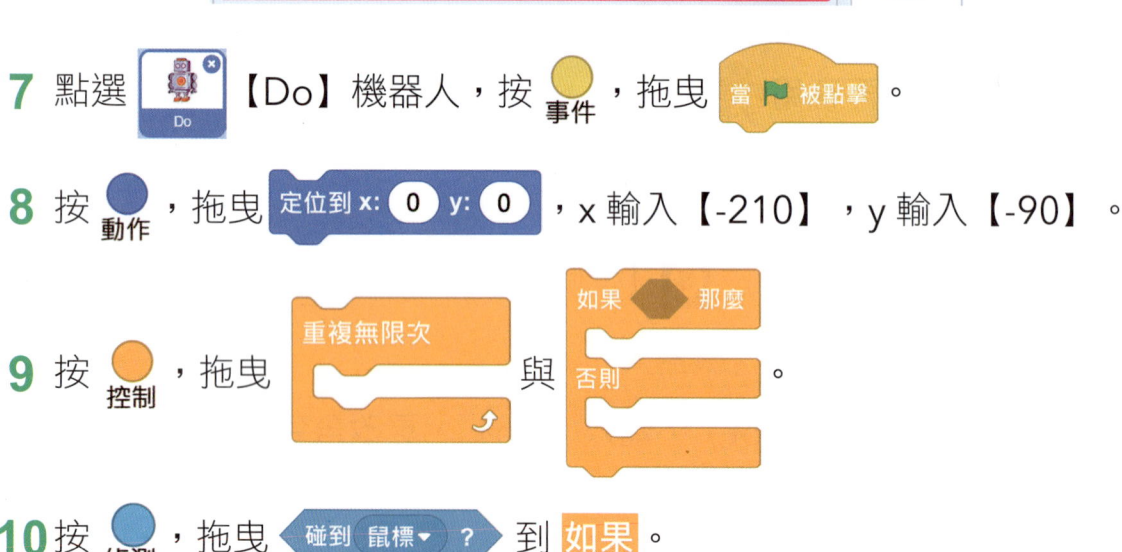

7 點選【Do】機器人，按 事件，拖曳 當 ▶ 被點擊。

8 按 動作，拖曳 定位到 x: 0 y: 0，x 輸入【-210】，y 輸入【-90】。

9 按 控制，拖曳 重複無限次 與 如果 那麼 否則。

10 按 偵測，拖曳 碰到 鼠標▼ ？ 到 如果。

30

chapter 2 生日派對

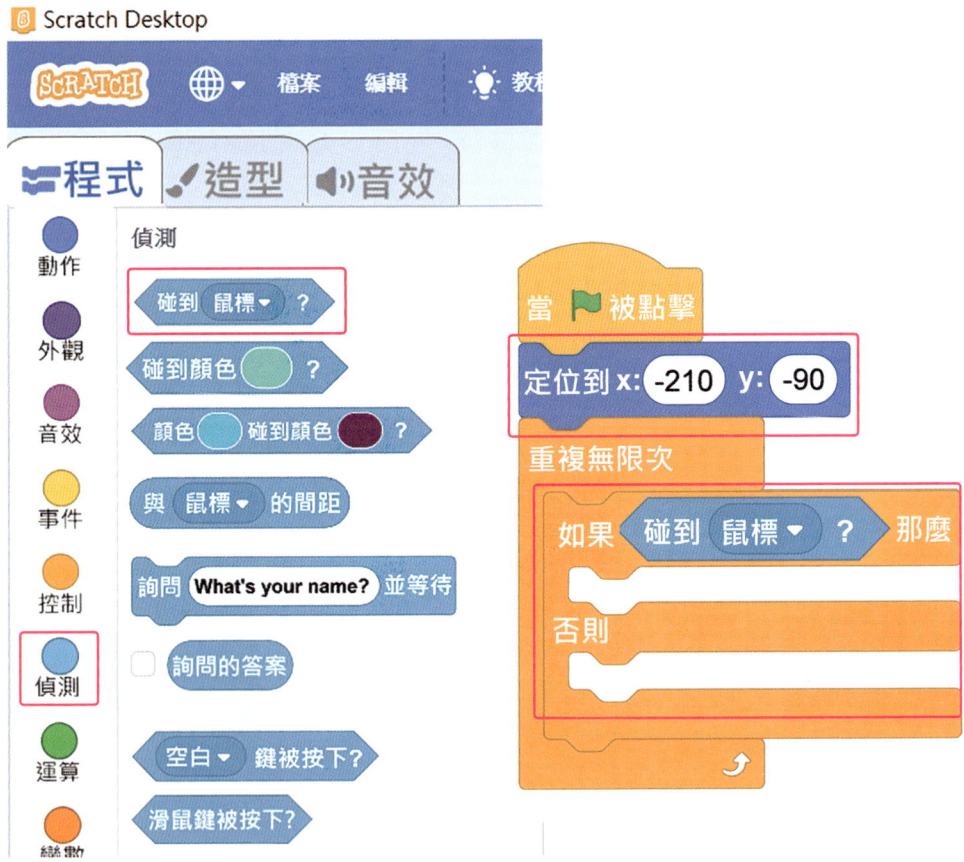

11 點按 ✏️造型，角色有三個造型，未碰到滑鼠游標是原來造型【Retro Robot a】，碰到滑鼠游標造型則切換為【Retro Robot b】。

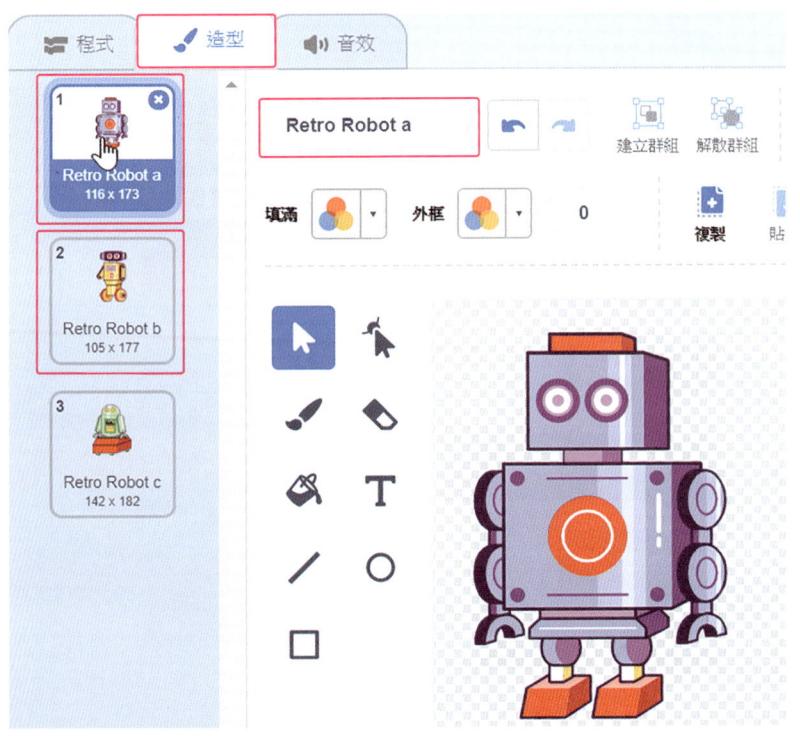

31

12 按 外觀，拖曳 造型換成 Retro Robot b 到 如果 下一行。

13 拖曳 造型換成 Retro Robot a 到 否則 下一行。否則沒碰到滑鼠游標就切換為原來造型。

14 按 🚩，將滑鼠游標移到【Do】機器人，檢查機器人是否變換為造型【Retro Robot b】。

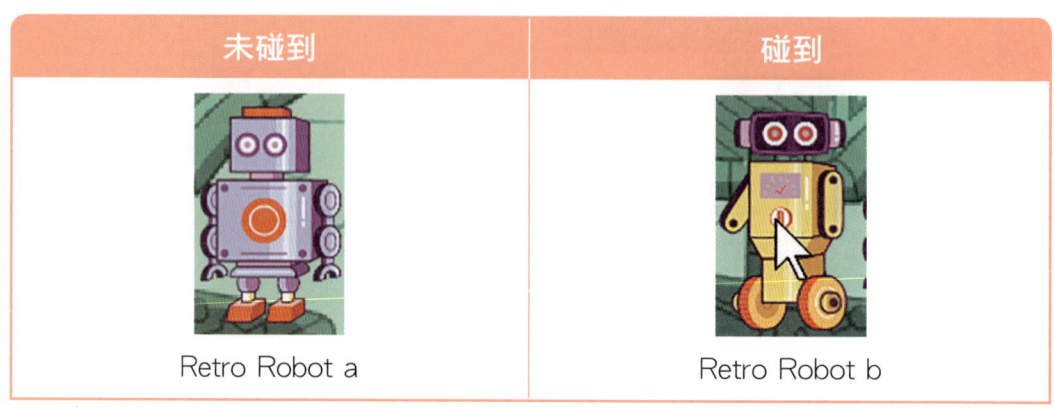

未碰到	碰到
Retro Robot a	Retro Robot b

chapter 2 生日派對

15 重複步驟 7 ～ 14，將程式複製到「Re」～「H-Do」（高音 Do），並更變角色的 (x,y) 坐標，如下表：

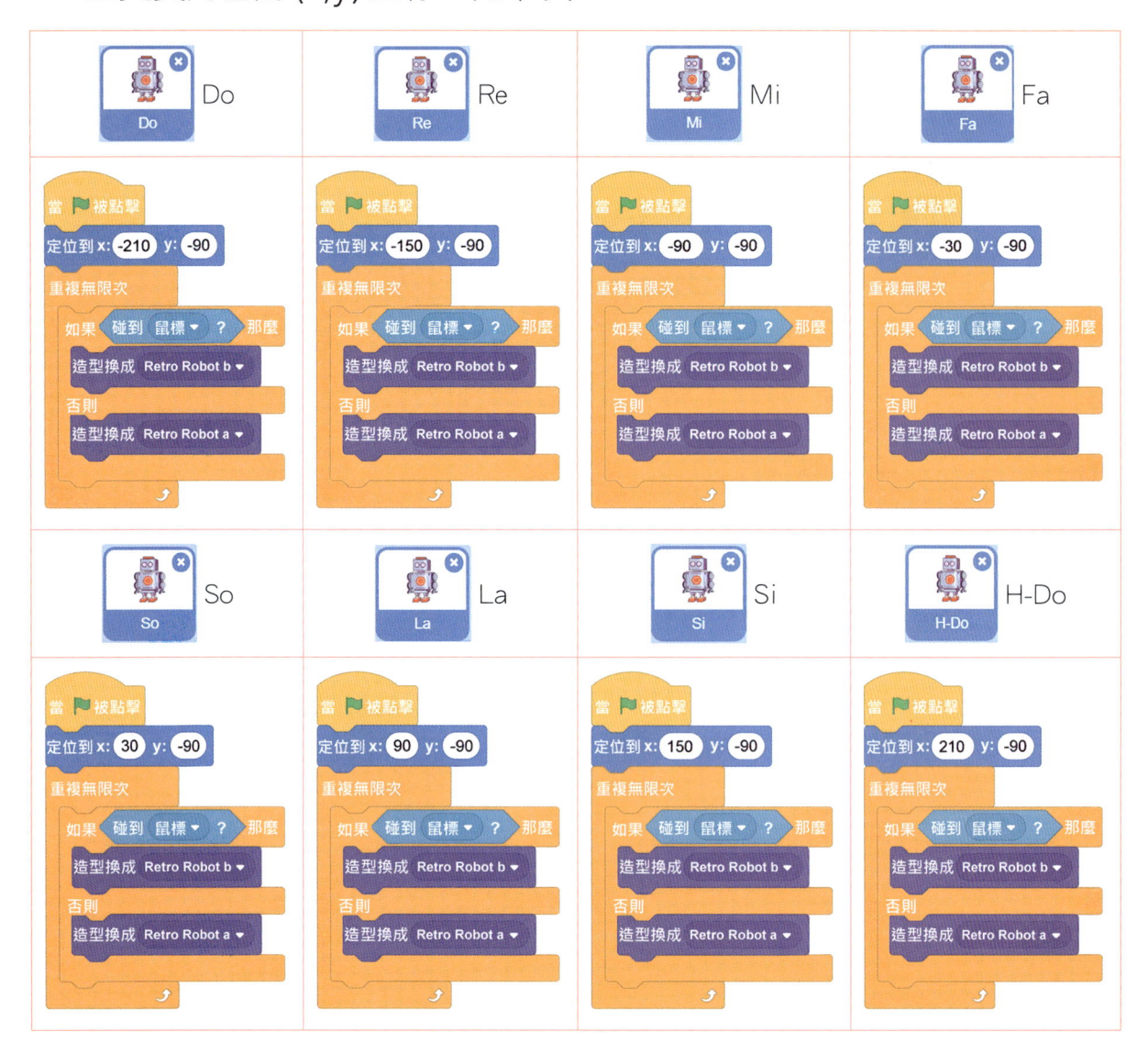

Do	Re	Mi	Fa
當 ▶ 被點擊 定位到 x: -210 y: -90 重複無限次 　如果 碰到 鼠標 ? 那麼 　　造型換成 Retro Robot b 　否則 　　造型換成 Retro Robot a	當 ▶ 被點擊 定位到 x: -150 y: -90 重複無限次 　如果 碰到 鼠標 ? 那麼 　　造型換成 Retro Robot b 　否則 　　造型換成 Retro Robot a	當 ▶ 被點擊 定位到 x: -90 y: -90 重複無限次 　如果 碰到 鼠標 ? 那麼 　　造型換成 Retro Robot b 　否則 　　造型換成 Retro Robot a	當 ▶ 被點擊 定位到 x: -30 y: -90 重複無限次 　如果 碰到 鼠標 ? 那麼 　　造型換成 Retro Robot b 　否則 　　造型換成 Retro Robot a
So	La	Si	H-Do
當 ▶ 被點擊 定位到 x: 30 y: -90 重複無限次 　如果 碰到 鼠標 ? 那麼 　　造型換成 Retro Robot b 　否則 　　造型換成 Retro Robot a	當 ▶ 被點擊 定位到 x: 90 y: -90 重複無限次 　如果 碰到 鼠標 ? 那麼 　　造型換成 Retro Robot b 　否則 　　造型換成 Retro Robot a	當 ▶ 被點擊 定位到 x: 150 y: -90 重複無限次 　如果 碰到 鼠標 ? 那麼 　　造型換成 Retro Robot b 　否則 　　造型換成 Retro Robot a	當 ▶ 被點擊 定位到 x: 210 y: -90 重複無限次 　如果 碰到 鼠標 ? 那麼 　　造型換成 Retro Robot b 　否則 　　造型換成 Retro Robot a

劃重點

每個機器人的 (x,y) 坐標隨著舞台位置變化。

2-6 演奏音階

目標
(1) 點擊 Do 機器人時，演奏音階 Do(60)；
(2) 點擊 Re 機器人時，演奏音階 Re(62)；
(3) 點擊 Mi 機器人時，演奏音階 Mi(64)；
(4) 點擊 Fa 機器人時，演奏音階 Fa(65)；
(5) 點擊 So 機器人時，演奏音階 So(67)；
(6) 點擊 La 機器人時，演奏音階 La(69)；
(7) 點擊 Si 機器人時，演奏音階 Si(71)；
(8) 點擊 H-Do 機器人時，演奏音階高音階 Do(72)。

分析 角色 Do ～高音 Do，當角色被點擊，演奏音階 Do ～高音 Do。

解析 應用 `演奏音階 60 0.25 拍`，演奏音階 Do ～高音 Do。

步驟

1 點選【添加擴展】，按【音樂】，新增音樂積木。

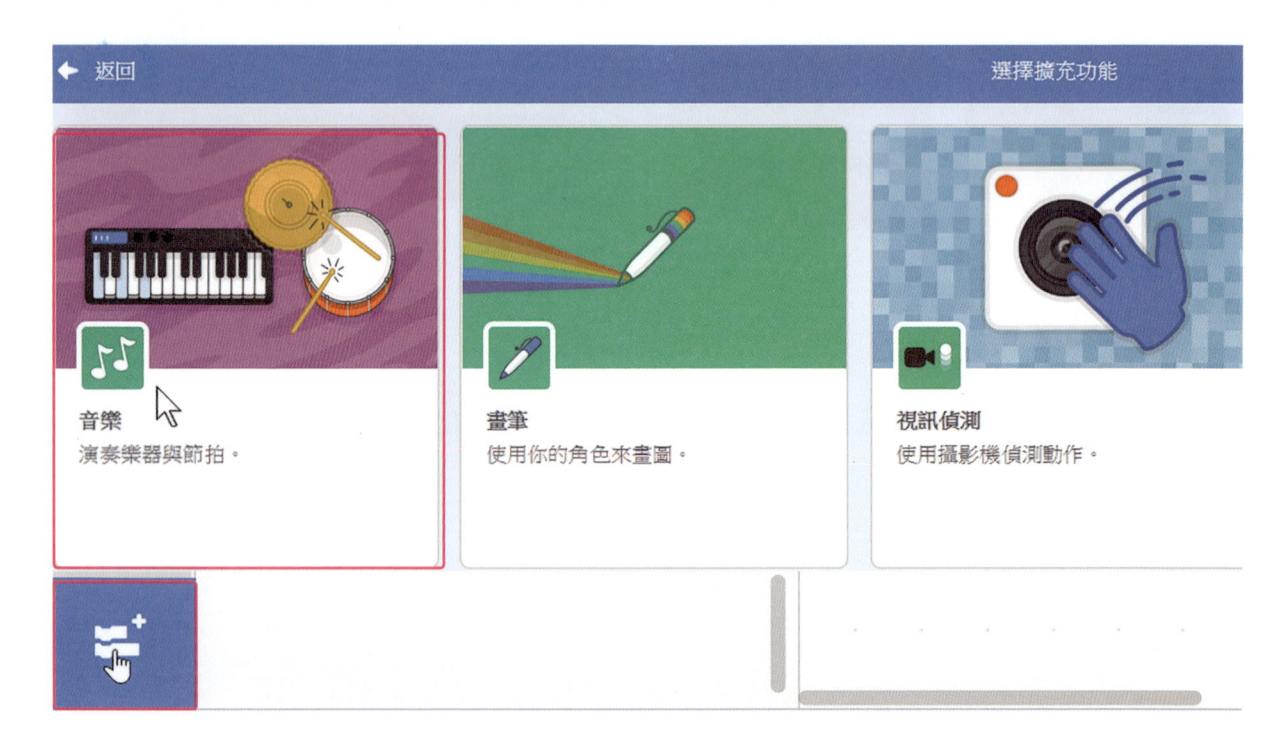

chapter 2 生日派對

2 點選 【Do】機器人。

3 按 事件，拖曳 當角色被點擊 。

4 按 音樂，拖曳 演奏樂器設為 (1) 鋼琴 與 演奏音階 60 0.25 拍 。

劃重點

演奏樂器可自行設定，總計有 (1) 鋼琴～(21) 合成柔音。

5 重複步驟 2～4，將程式複製到「Re」～「H-Do」（高音 Do），並更變角色的「演奏音階」如下表：

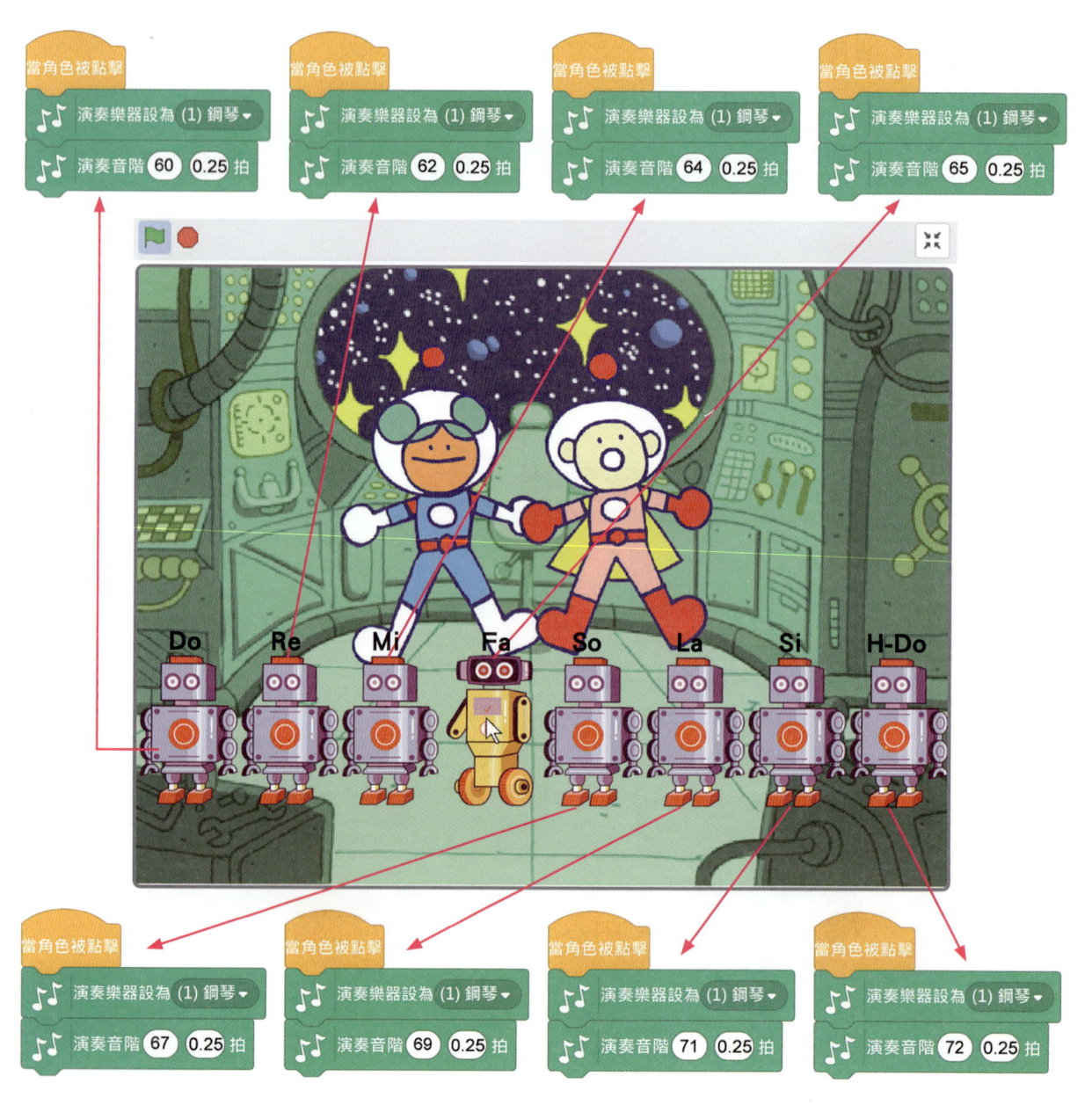

音階	Do	Re	Mi	Fa	So	La	Si	H-Do
演奏音階	60	62	64	65	67	69	71	72

6 點按 🚩，檢查 Kiran 與 Ripley 對話是否正確、對話完畢播放生日快樂歌曲，滑鼠碰到機器人時變換造型、點擊滑鼠時機器人播放 Do ～ 高音 Do。

Chapter 2 課後習題

_____ 1. `字串組合 apple banana` 左圖積木的執行結果為何？
   (A) a   (B) applebanana   (C) apple   (D) true。

_____ 2. 如果想設計彈奏音符「Do」，應使用下列哪一個積木？
   (A) `演奏音階 60 0.25 拍`
   (B) `演奏休息 0.25 拍`
   (C) `演奏節拍 (1) 軍鼓 0.25 拍`
   (D) `演奏速度改變 20`。

_____ 3. 如果想設計「滑鼠游標碰到角色貓咪就切換下一個造型」，應該使用下列哪一組程式？

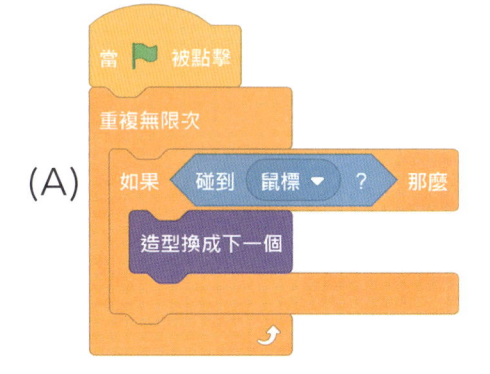

(A) 當🏁被點擊 / 重複無限次 / 如果 碰到 鼠標？ 那麼 / 造型換成下一個

(B) 當🏁被點擊 / 如果 碰到 鼠標？ 那麼 / 造型換成下一個

(C) 當角色被點擊 / 造型換成下一個

(D) 當🏁被點擊 / 重複直到 碰到 鼠標？ / 造型換成下一個

_____ 4. 如果想設計「角色貓咪重複切換下一個造型，直到碰到滑鼠游標才停止切換造型」，應該使用下列哪一組程式？

(A) 當角色被點擊 / 造型換成下一個

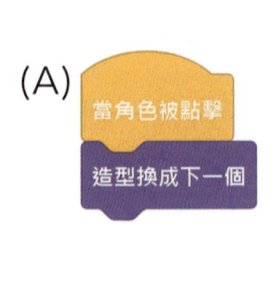

(B) 當▶被點擊 / 如果 碰到 鼠標 ? 那麼 / 造型換成下一個

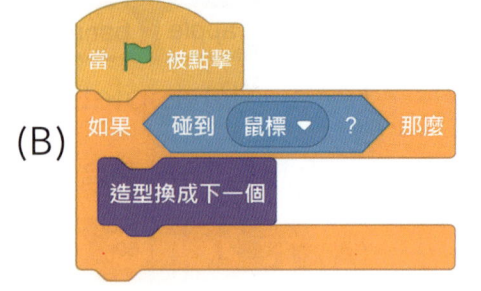

(C) 當▶被點擊 / 重複直到 碰到 鼠標 ? / 造型換成下一個

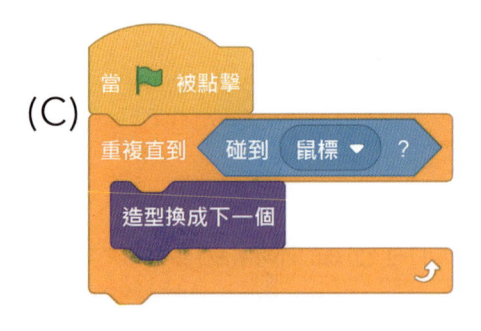

(D) 當▶被點擊 / 重複無限次 / 如果 碰到 鼠標 ? 那麼 / 造型換成下一個

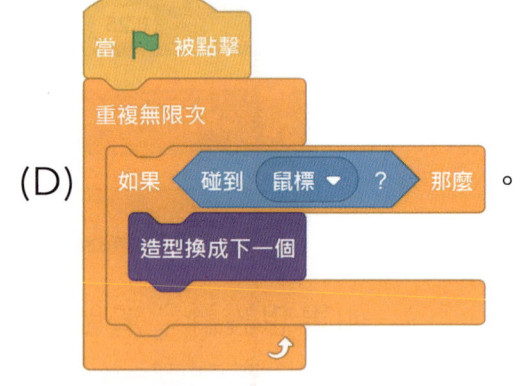

_____ 5. 下圖程式積木的執行結果為何？
(A) 如果滑鼠游標碰到角色時，角色變小 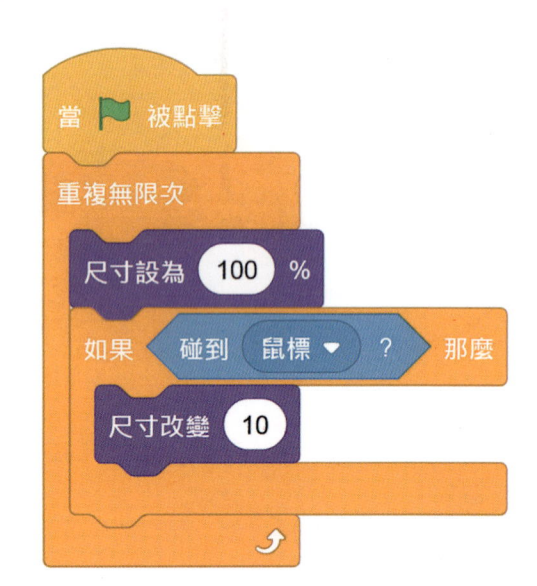
(B) 如果滑鼠游標碰到角色時，角色大小設定為 10
(C) 如果滑鼠游標碰到角色時，角色變大，滑鼠游標離開角色時，再恢復原來大小
(D) 如果滑鼠游標碰到角色時，角色變小，滑鼠游標離開角色時，再恢復原來大小。

當▶被點擊
重複無限次
　尺寸設為 100 %
　如果 碰到 鼠標 ? 那麼
　　尺寸改變 10

Chapter 3 樂透彩球

　　本章將應用 Scratch 3 的變數與運算積木,設計「樂透彩球」專題。程式開始執行時,「1～10」彩球及「開始」角色在舞台顯示。當「開始」角色被點擊時,廣播「開始選號」給所有彩球,開始在「1～10」球之間隨機選一個球,選中的球會掉落到舞台固定位置。

學習目標

1. 能夠應用事件啟動程式。
2. 隨機選一個數。
3. 能夠畫新角色。
4. 能夠控制角色移動的方式。

3-1 樂透彩球腳本規劃

程式開始執行時,「1～10」彩球及「開始」角色在舞台顯示。當「開始」角色被點擊時,廣播「開始選號」給所有彩球,開始在「1～10」球之間隨機選一個球,選中的球會掉落到舞台固定位置。

舞台	角色	動畫情境
Concert（演奏會）	開始	1. 當「開始」角色被點擊。 2. 廣播「開始選號」。 3. 重複 10 次:將「選中號碼」變數設定為 1～10 之間隨機選一個數。 4. 如果「選中號碼 =1」是廣播 1,依此類推,如果「選中號碼 =10」是廣播 10。
	1～10 號彩球	1. 當 1～10 彩球接收到「開始選號」廣播時: ①重複 10 次。 ②在 0.5 秒內隨機在球框內移動。 2. 當 1～10 彩球接收到選中號碼 1～10 的廣播:在 1 秒內移到舞台固定位置。

3-2 樂透彩球流程設計

樂透彩球程式執行流程如下圖所示。

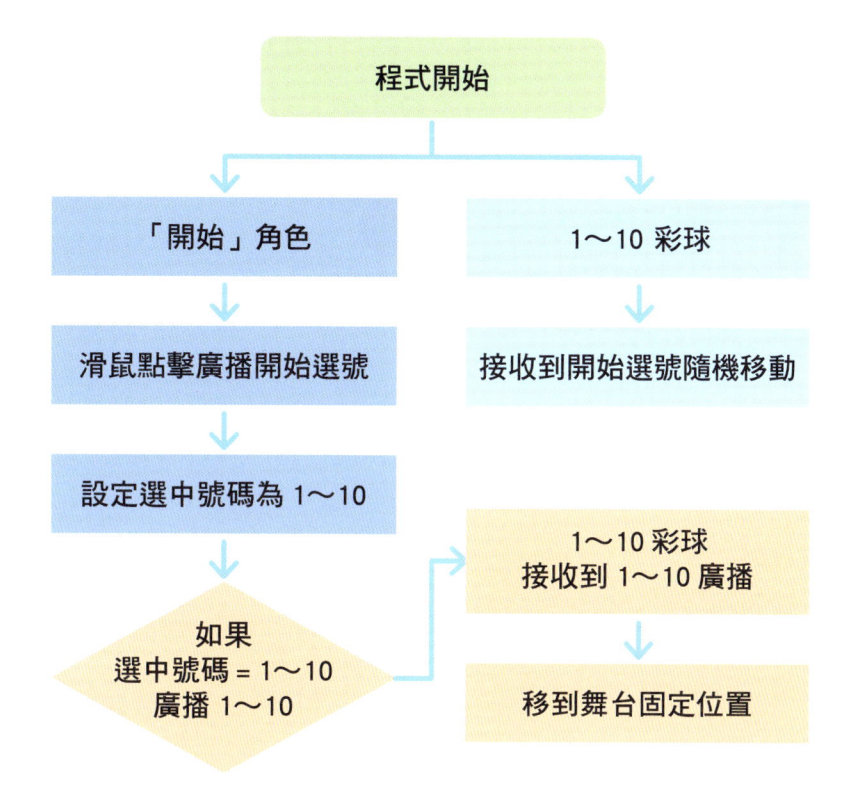

```
                      程式開始
                    ┌─────┴─────┐
                    ▼           ▼
              「開始」角色      1～10 彩球
                    ▼           ▼
            滑鼠點擊廣播開始選號   接收到開始選號隨機移動
                    ▼
            設定選中號碼為 1～10
                    ▼
              ┌───────────┐      1～10 彩球
              │    如果    │───▶ 接收到 1～10 廣播
              │選中號碼=1～10│         ▼
              │ 廣播 1～10  │     移到舞台固定位置
              └───────────┘
```

3-3 新增角色

新增「開始」及彩球「1～10」角色。

一 新增角色

1. 在 🐱「選個角色」，按 🔍【選個角色】。
2. 點選【Ball】（球）。
3. 點選角色「Ball」，輸入【開始】，更改角色名稱。

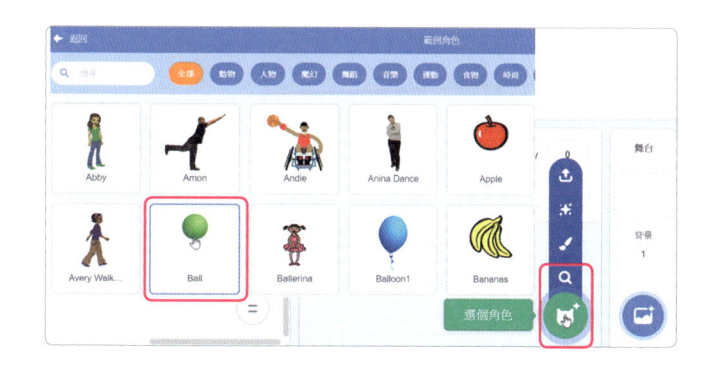

4. 調整角色在舞台的位置與尺寸。

5. 按 【造型】，點選【造型 5】，設定造型顏色。

6. 按 【文字】。

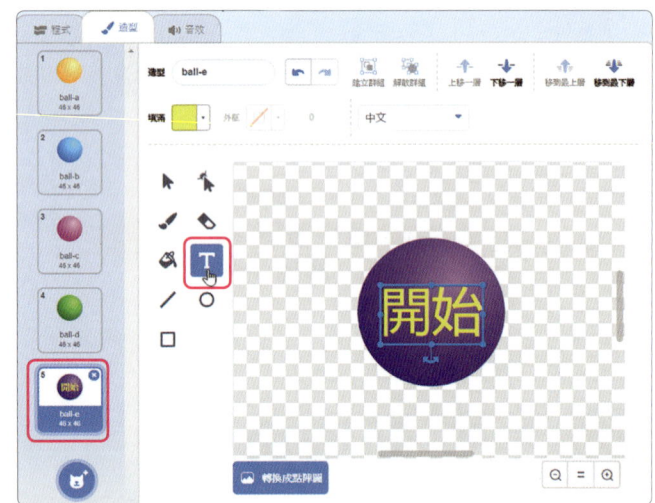

劃重點

1. 點按 【轉換成點陣圖】 切換造型為「點陣圖」或「向量圖」。

2. 按 🔍 放大繪圖區，按 🔍 縮小繪圖區，按 ═ 還原 100%。

7. 點按 填滿 ▢ ，拖曳顏色，設定文字顏色。

8. 點按字型，選取【中文】，輸入【開始】。

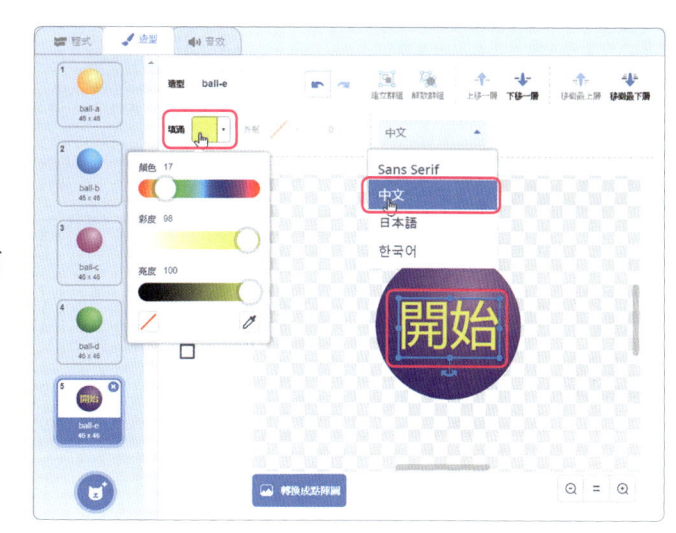

劃重點

1. Scratch 3 造型及背景繪畫新增「中文」文字功能。
2. 開始 拖曳控點 ↗ 放大或縮小文字；拖曳 ↻ 旋轉文字。

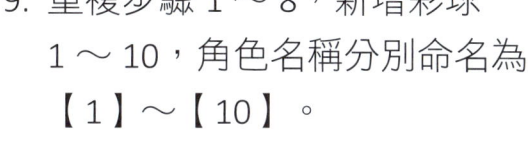

9. 重複步驟 1～8，新增彩球 1～10，角色名稱分別命名為【1】～【10】。

劃重點

或開啟 ch3 練習檔 .sb3。

二 新增舞台

1. 在舞台按 ⊡ 或 🔍【選個背景】，點選【Concert（演奏會）】。

43

3-4 廣播開始選號

目標 當「開始」角色被點擊，廣播「開始選號」。當 1～10 彩球接收到「開始選號」廣播時，開始移動。

分析 點擊「開始」角色時，啟動彩球開始移動。

解析

傳送廣播	接收廣播
1. 當「開始」角色被點擊，廣播「開始選號」。	1. 當 1～10 彩球接收到「開始選號」廣播時，開始移動。
2. 利用 事件 的 廣播訊息 message1 廣播訊息。	2. 利用 事件 的 當收到訊息 message1 接收廣播訊息。

chapter 3 樂透彩球

步驟

1 點選 【開始】，按 程式，按 事件，拖曳 當角色被點擊 與 廣播訊息 message1▼ 。

2 按 ▼，點選【新的訊息】，輸入【開始選號】⇨【確定】。

45

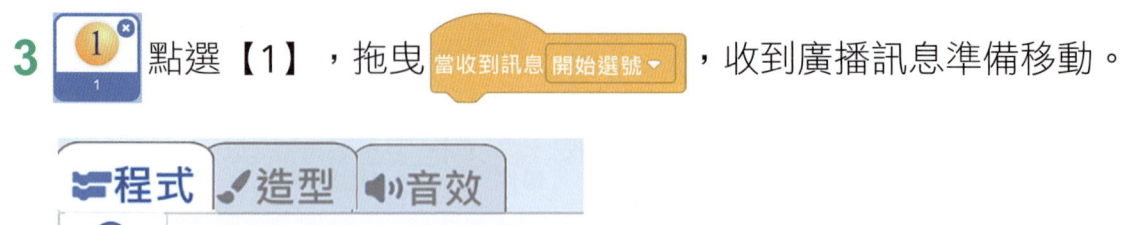

Scratch3.0 創意程式設計融入學習領域

3. 點選【1】，拖曳 當收到訊息 開始選號 ，收到廣播訊息準備移動。

3-5 彩球移動

目標 當「1～10」彩球接收到「開始選號」廣播時，開始隨機移動。

分析 1～10 彩球重複 10 次，在 0.2 秒內隨機在球框內移動。

解析
1. 利用 動作 的 滑行 1 秒到 隨機 位置 ，讓彩球定時隨機移動。

2. 利用 控制 的 重複 10 次 ，重複 n 次，控制彩球移動次數。

46

chapter 3 樂透彩球

步驟

1 在 ①，按 動作，拖曳 滑行 1 秒到 隨機 位置，輸入【0.2】秒。

劃重點
1. 利用秒數調整彩球移動速度，秒數愈大，移動速度愈慢。
2. 1～10 的彩球程式類似，完成 1 彩球所有程式再複製到其他彩球，更改參數。

2 點擊 開始，檢查「1」彩球是否在 0.2 秒內移到隨機位置。

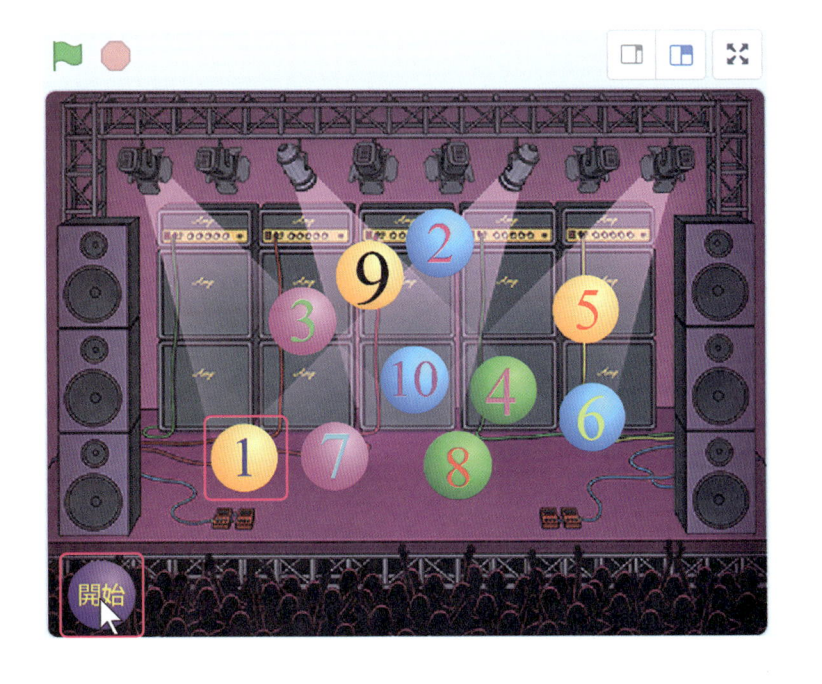

47

3-6 選中號碼移動

目標 隨機選號後移動號碼。

一、隨機選號

從 1～10 號的彩球中，隨機選取一個彩球。

分析 從 1～10 號的彩球中，隨機選取一個彩球。

解析
1. 在 Scratch 變數 變數 中，建立一個變數，暫存每次從 1～10 彩球中，「選中號碼」的彩球。

2. 利用 運算 的 隨機取數 1 到 10 隨機取一個數。

3. 將「選中號碼」變數設定為 1～10 之間隨機選一個數。

二、選中號碼移動

讓選中的號碼移到舞台固定的位置

分析 通知選中號碼移動。

解析
1. Scratch 事件 的「廣播」，通知「選中號碼」的彩球移到固定的位置。

2. 廣播傳送與接收方式：

開始	1～10 號彩球
如果「選中號碼 =1」廣播 1，依此類推，如果「選中號碼 =10」廣播 10。	1. 當 1～10 彩球接收到選中號碼的廣播。 2. 在 1 秒內移到固定位置。

chapter 3 樂透彩球

3. 利用選擇結構中 ![如果 那麼] 「單一選擇」結構，分別判斷選中號碼是否為 1～10。

4. 利用 ![廣播訊息 message1] 廣播訊息，再利用 ![當收到訊息 message1] 接收廣播訊息。

步驟

1 廣播選中號碼：![開始] 開始角色從 1～10 彩球中，隨機選取一個號碼，廣播「選中號碼」。

① 按 ![開始]，點選 ![變數]，**建立一個變數**，輸入【選中號碼】⇨【適用所有角色】⇨【確定】。

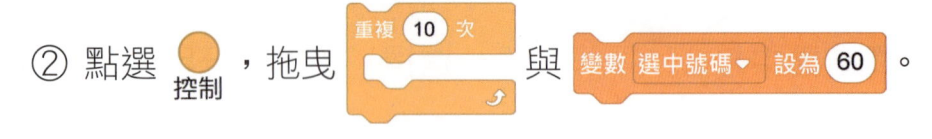

Scratch3.0 創意程式設計融入學習領域

② 點選 ○控制，拖曳 「重複10次」 與 「變數 選中號碼 設為 60」。

③ 點選 ○運算，拖曳 「隨機取數 1 到 10」。

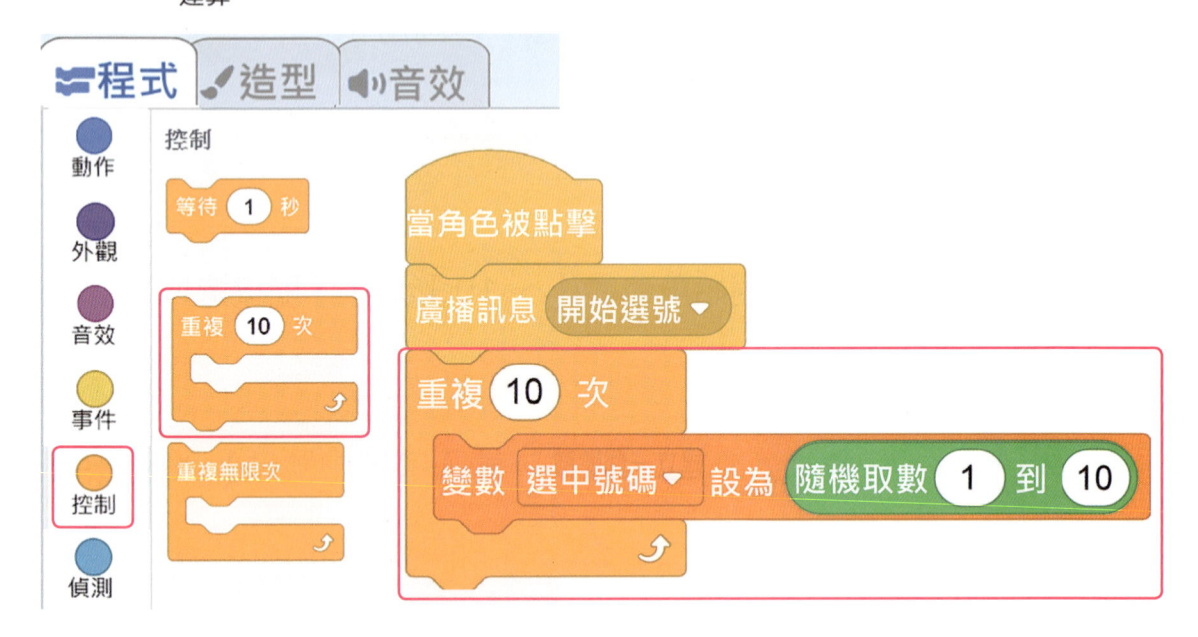

程式區塊：

當角色被點擊
廣播訊息 開始選號
重複 10 次
　變數 選中號碼 設為 隨機取數 1 到 10

④ 按 🚩，再點擊 開始，檢查舞台「選中號碼」是否產生執行 10 次之後，顯示一個 「選中號碼 9」 「選中號碼」。

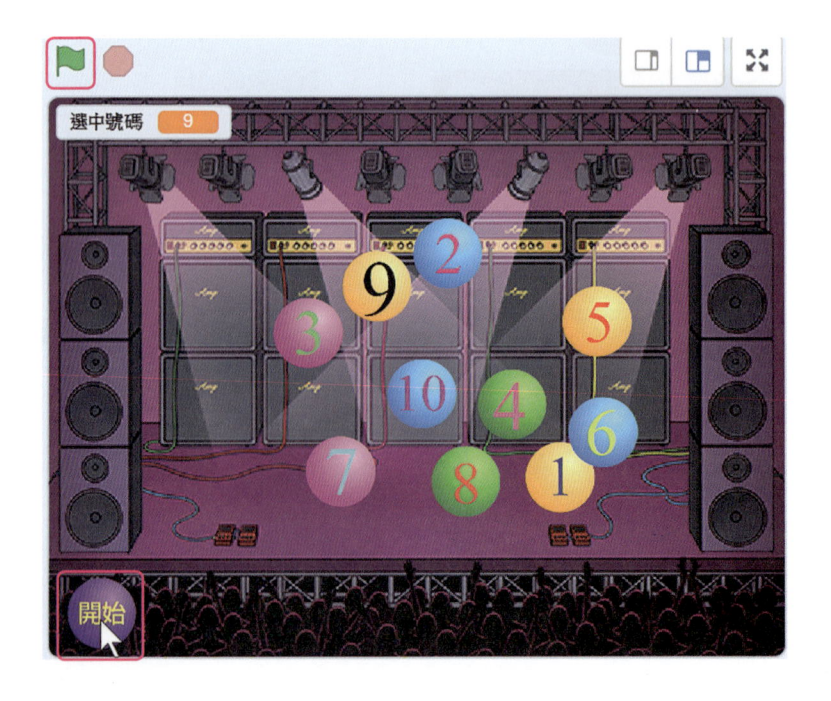

50

chapter 3 樂透彩球

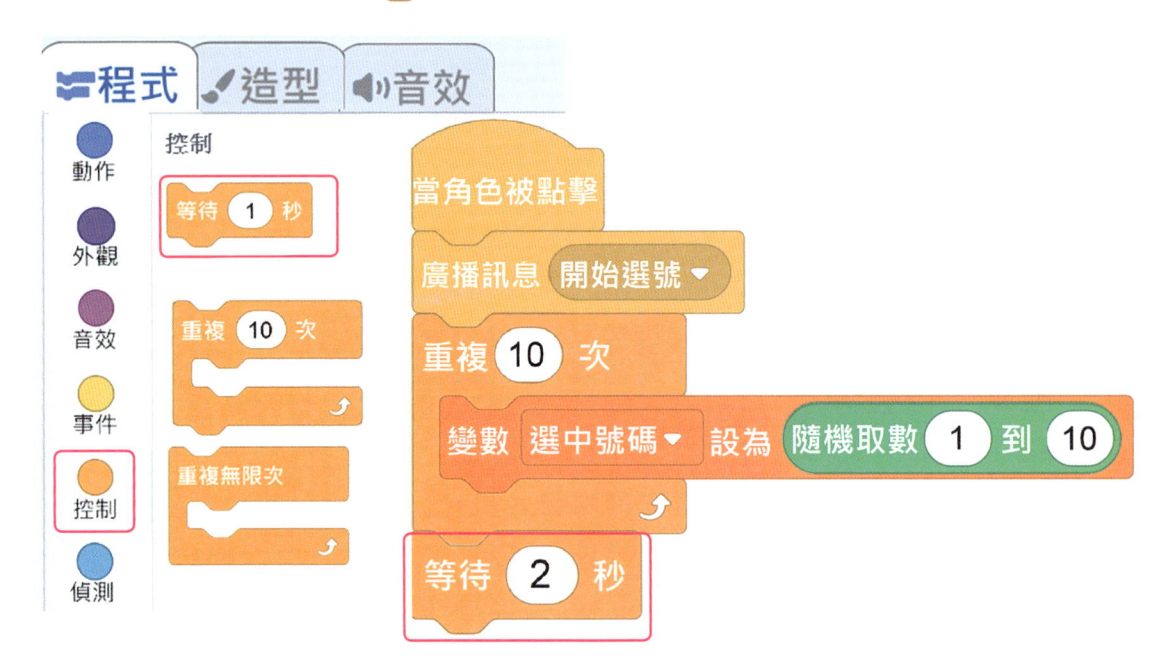

⑤ 點選 控制，拖曳 等待 1 秒，輸入【2】。

劃重點

彩球在 0.2 秒內移動 10 次，「開始」角色需要等待 2 秒，與彩球同步顯示「選中號碼」。

快要完成本章任務啦！

Scratch3.0 創意程式設計融入學習領域

⑥ 拖曳 `如果 ◇ 那麼`。

⑦ 點選 ●運算，拖曳 `( ) = 50`。

⑧ 點選 ●變數，拖曳 `選中號碼` 到「=」左邊，在「=」右邊輸入【1】。

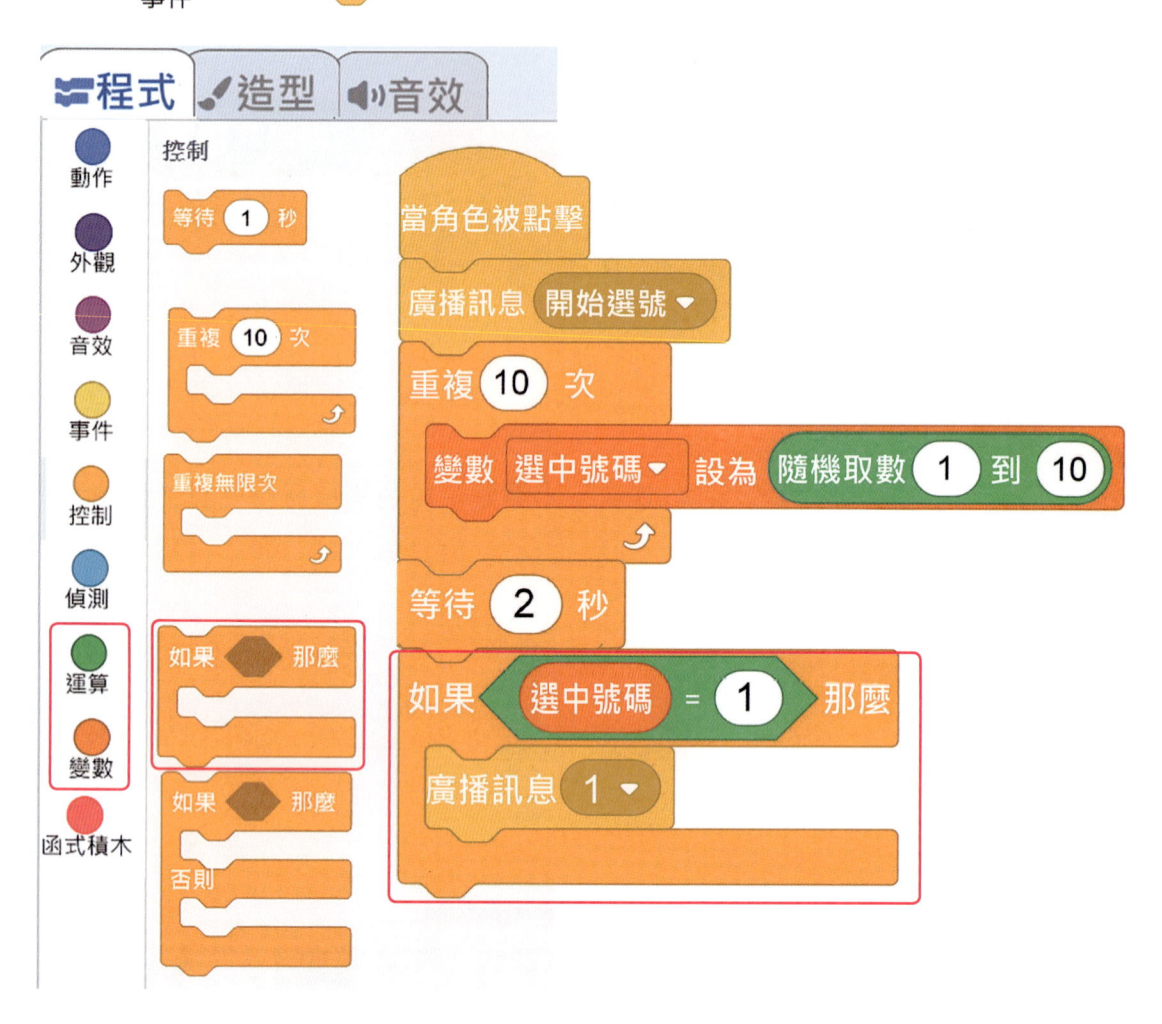

⑨ 按 ●事件，拖曳 `廣播訊息 message1▼`，輸入【1】⇨【確定】。

劃重點

如果「選中號碼 =1」，廣播「1」彩球移到舞台固定位置。

⑩ 重複步驟 6～9，在 **如果** 按右鍵複製，如果「選中號碼 =2」，廣播「2」彩球，依此類推。

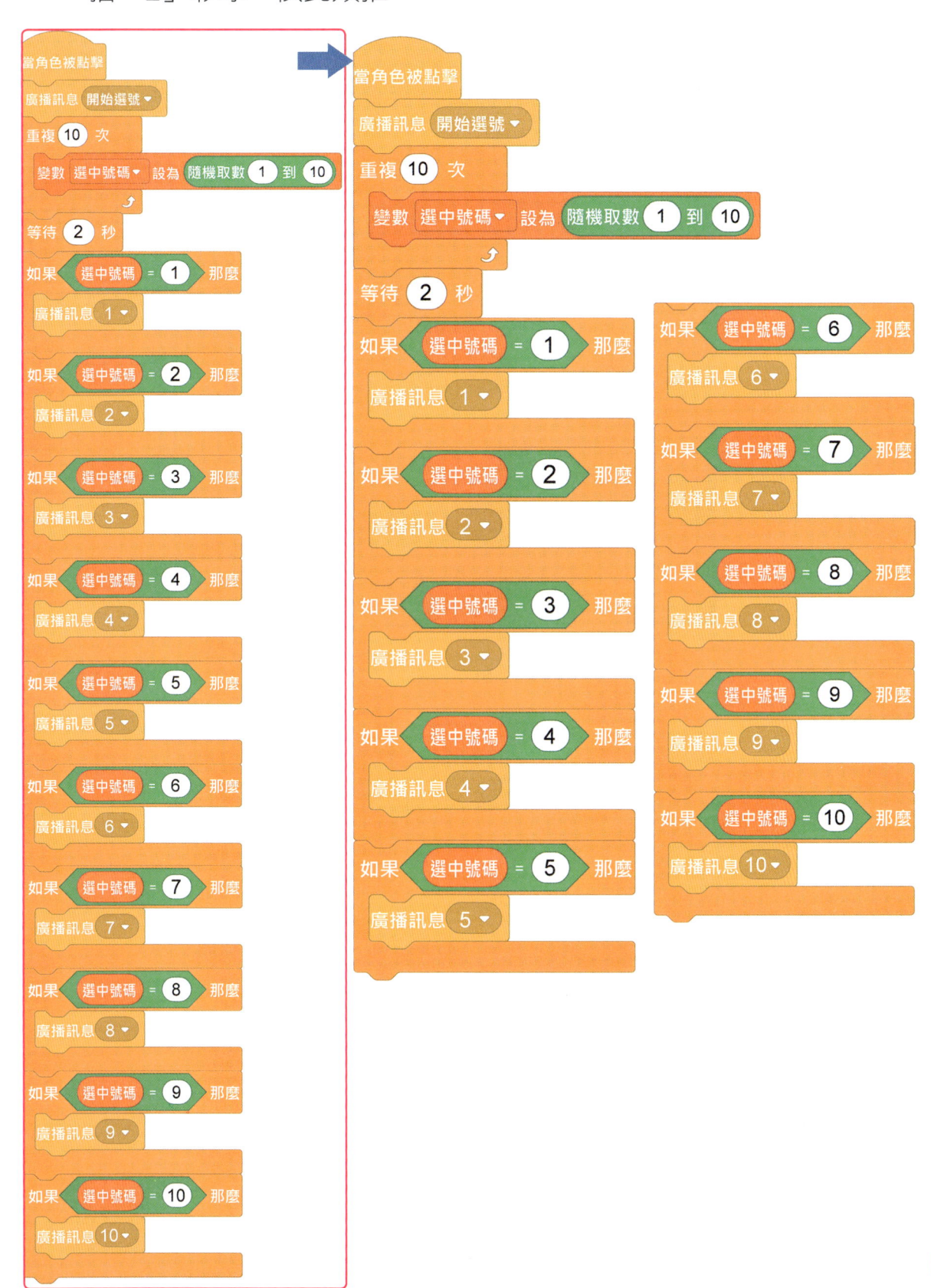

2 選中號碼移動： 1～10 彩球接收到「選中號碼」廣播訊息，在 1 秒內移到固定位置 (200,-150)。

① 將 選中號碼 1 移到舞台右下方，讓「選中號碼」收到廣播程式，移到 (200,-150) 位置。

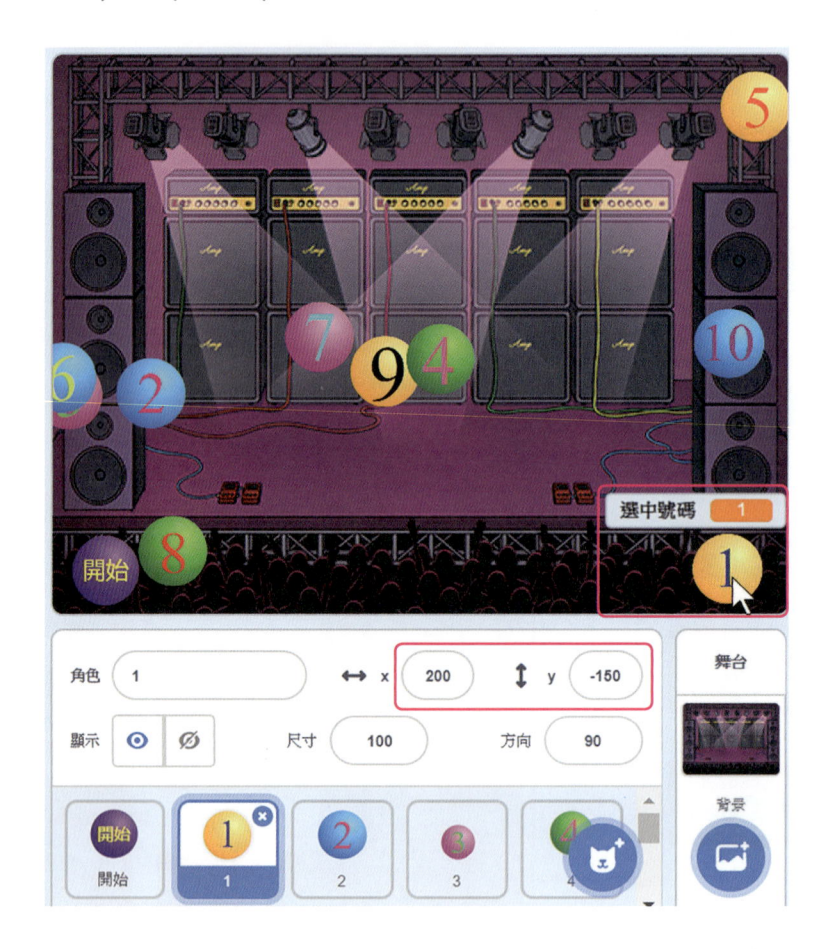

chapter 3 樂透彩球

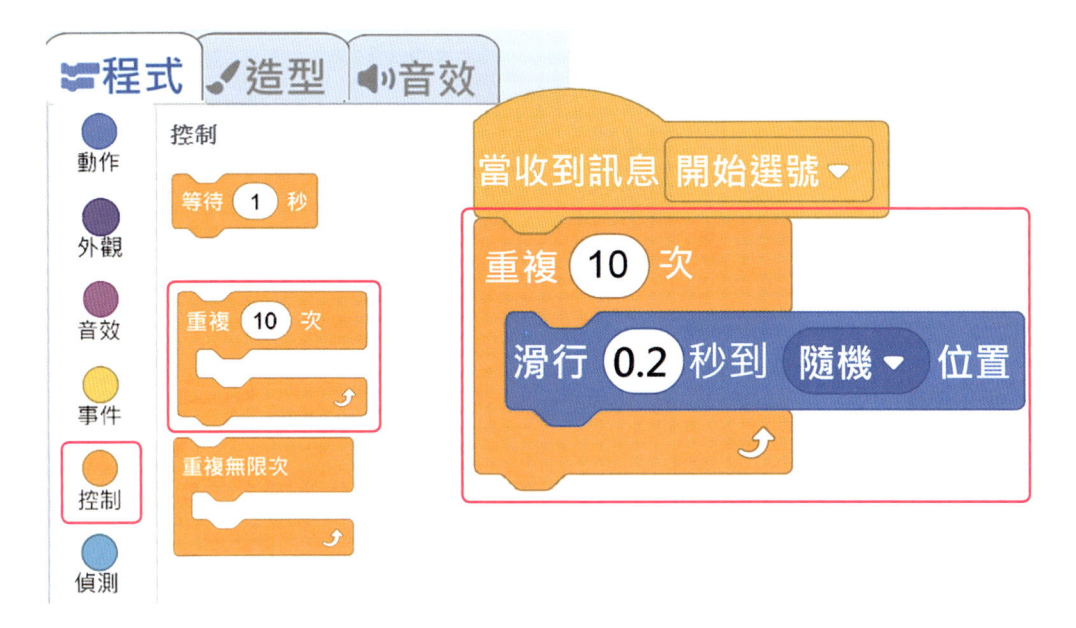

② 點選 1，按 控制，拖曳 重複10次，讓彩球滾動 2 秒之後再開始選號。

③ 按 事件，拖曳 當收到訊息 開始選號 點選【1】。

④ 按 動作，拖曳 滑行 1 秒到 x: 0 y: 0，x 輸入【200】，y 輸入【-150】。

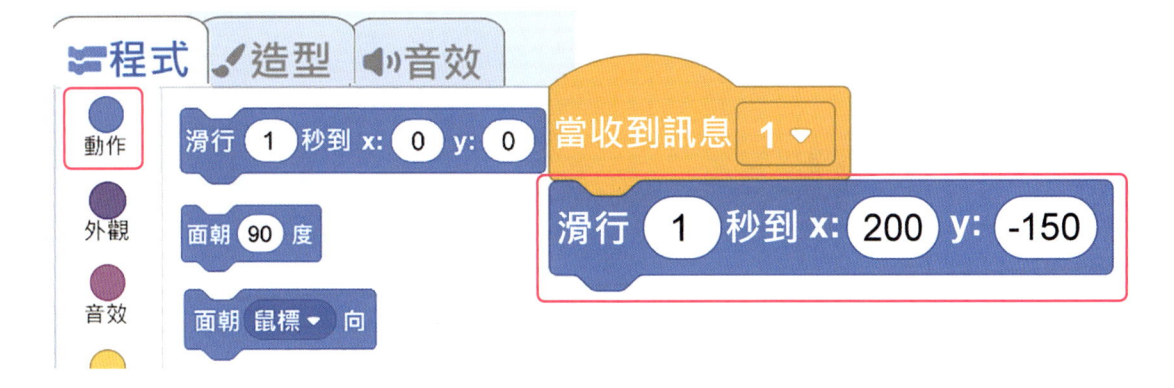

⑤ 將「1」彩球 2 組積木複製到「2」彩球。

⑥ 「收到訊息」改為 2。

⑦ 重複步驟 5～6，將程式複製到「3～10」彩球。

⑧ 按 🏳，再點擊 開始 ，「選中號碼」的彩球是否移到舞台右下方。

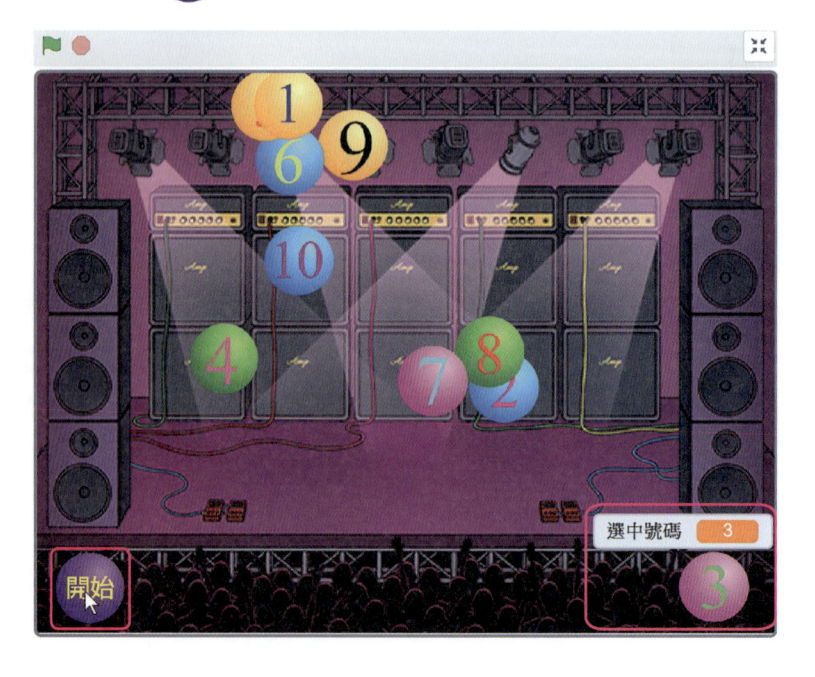

Chapter 3　課後習題

_____ 1. 如果想設計邏輯真（true）或假（false）的判斷，應該使用下列哪一個積木？

(A) ◯ = 50

(B) ◯ / ◯

(C) 字串 apple 的第 1 字

(D) 隨機取數 1 到 10。

_____ 2. 如果角色貓咪想要「廣播」訊息給角色老鼠，應該使用下列哪一個積木？

(A) 廣播訊息 message1 ▼

(B) 當收到訊息 message1 ▼

(C) 當 計時器 ▼ > 10

(D) 當 聲音響度 ▼ > 10。

_____ 3. 下圖程式積木的執行結果為何？

(A) 1 秒滑行到隨機位置一次

(B) 重複在 1 秒內滑行到隨機位置

(C) 重複定位到舞台隨機位置

(D) 定位到舞台隨機位置一次。

57

_____ 4. 下圖程式積木的敘述，何者錯誤？

(A) 按下綠旗，程式開始時將得分設為 0

(B) 得分屬於清單資料

(C) 當滑鼠點擊角色時，每點擊一次得分加 1

(D) 按下空白鍵時，角色說出「得分的數字 2 秒」。

_____ 5. 下圖程式積木的執行結果為何？

(A) 角色永遠移到滑鼠游標的位置

(B) 角色永遠面向滑鼠游標的位置

(C) 角色隨機移動

(D) 角色移到滑鼠游標的位置一次。

Chapter 4 畫正多邊形

　　本章將應用畫筆積木，設計「畫正多邊形」專題。首先點擊綠旗，設定畫筆筆跡的寬度與顏色，並清除全部筆跡。當按下 3，畫正三角形；按下 6，畫正六邊形；按下 n，詢問：「輸入正多邊形」，畫正多邊形，並說出正多邊形的外角度數。

　　正多邊形是所有角都相等，所有邊都相等的簡單多邊形。

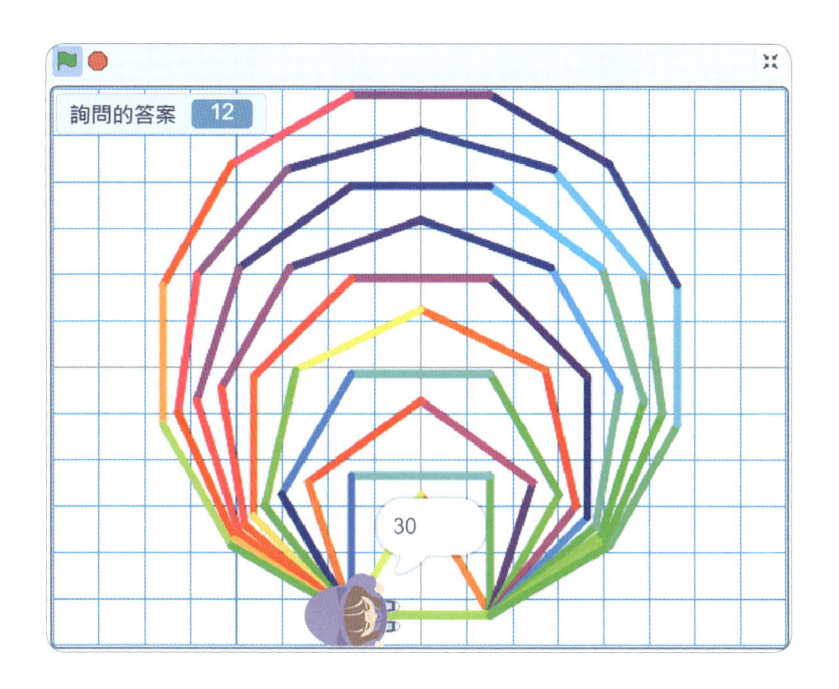

學習目標

1. 理解正多邊形的外角原理。
2. 能夠設定畫筆的顏色及筆跡寬度。
3. 能夠清除畫筆筆跡。
4. 能夠應用正多邊形外角原理，畫正多邊形。

4-1 畫正多邊形腳本規劃

點擊綠旗,設定畫筆筆跡的寬度與顏色,並清除全部筆跡。當按下 3,畫正三角形;按下 6,畫正六邊形;按下 n,詢問:「輸入正多邊形」,畫出正多邊形,並說明正多邊形的外角度數。

舞台	角色	動畫情境
舞台 (Xy-grid-30px)	Tatiana 畫筆	1. 設定畫筆的筆跡寬度與顏色。 2. 角色定位後再下筆。 3. 按下 3,畫正三角形。 4. 按下 6,畫正六邊形。 5. 按下 n,詢問:「輸入正多邊形」。 6. 畫正多邊形,並說出正多邊形的外角度數。

4-2 畫正多邊形流程設計

畫正多邊形程式執行流程如下圖所示。

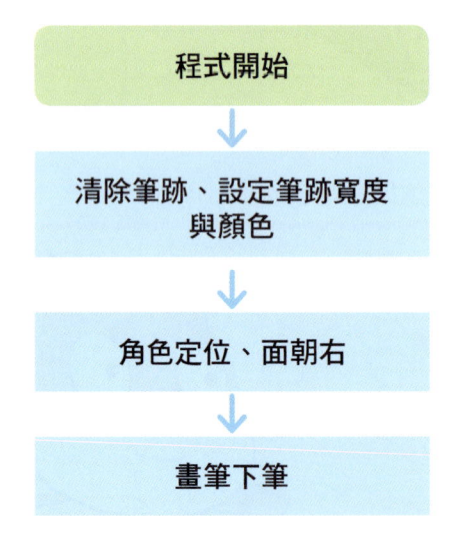

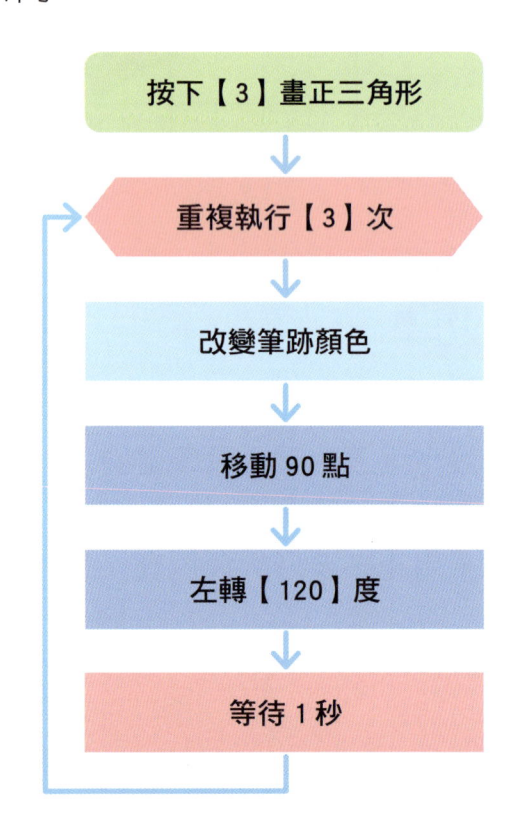

程式開始
↓
清除筆跡、設定筆跡寬度與顏色
↓
角色定位、面朝右
↓
畫筆下筆

按下【3】畫正三角形
↓
重複執行【3】次
↓
改變筆跡顏色
↓
移動 90 點
↓
左轉【120】度
↓
等待 1 秒

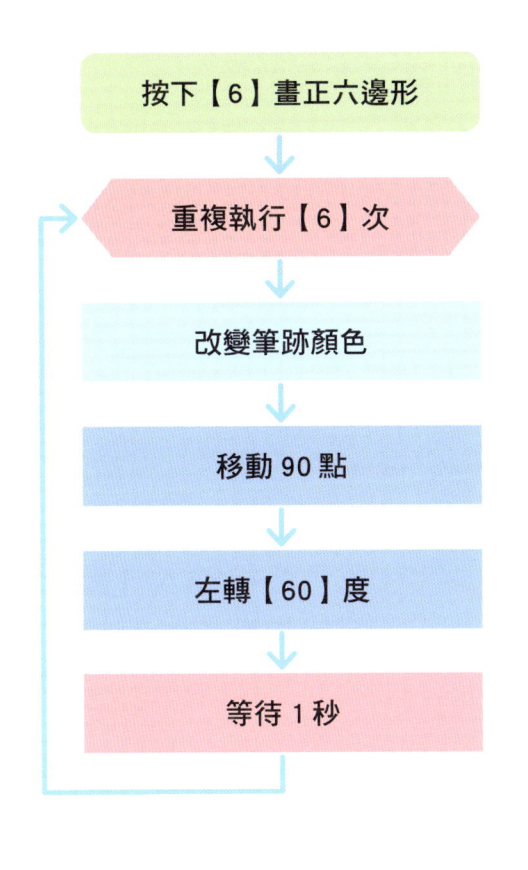

chapter 4　畫正多邊形

```
按下【6】畫正六邊形
   ↓
重複執行【6】次 ←┐
   ↓              │
改變筆跡顏色       │
   ↓              │
移動 90 點         │
   ↓              │
左轉【60】度       │
   ↓              │
等待 1 秒 ────────┘
```

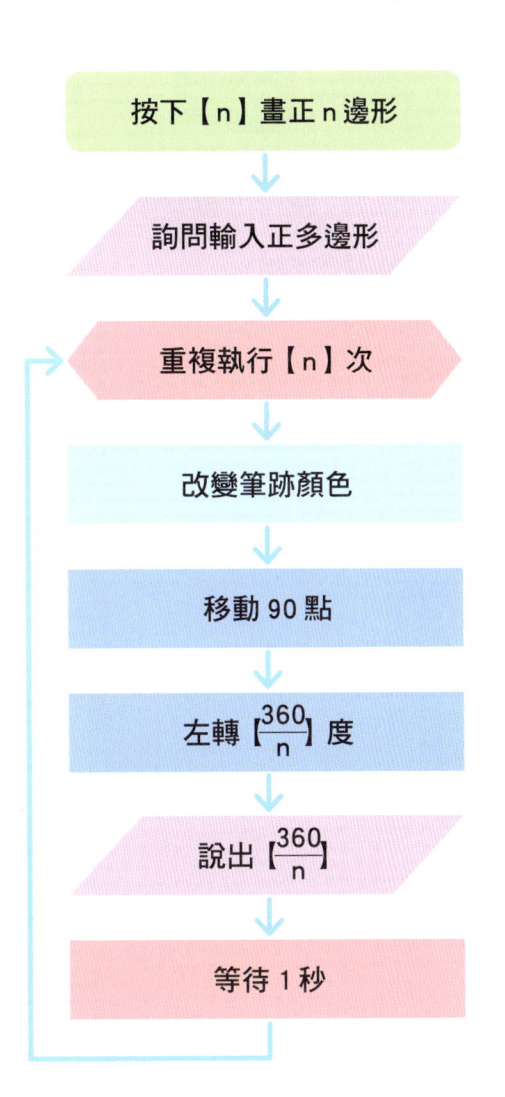

```
按下【n】畫正n邊形
   ↓
詢問輸入正多邊形
   ↓
重複執行【n】次 ←┐
   ↓              │
改變筆跡顏色       │
   ↓              │
移動 90 點         │
   ↓              │
左轉 [360/n] 度    │
   ↓              │
說出 [360/n]       │
   ↓              │
等待 1 秒 ────────┘
```

4-3 設定畫筆與角色定位

目標 點擊綠旗時，清除全部筆跡再設定畫筆筆跡的寬度與顏色之後，角色定位到舞台固定位置，並面朝右，畫筆再下筆，準備開始畫正多邊形。

分析 Tatiana 設定畫筆顏色、筆跡寬度、角色定位、面朝方向，畫筆再下筆。

解析 1. 利用 **畫筆** 的 【筆跡全部清除】、【筆跡顏色設為 ●】 與 【筆跡寬度設為 1】，清除畫筆的筆跡、設定畫筆顏色與筆跡寬度。

61

2. 再利用 ✏️ 下筆 ，讓角色在移動時留下畫筆的筆跡。

3. 利用 🔵動作 的 定位到 x: 0 y: 0 設定角色在舞台的位置，再利用 面朝 90 度 讓角色面朝右。

步驟

1 新增角色與背景，設定畫筆與角色定位之後，再下筆。

③在角色名稱輸入【畫筆】。
④調整角色在舞台的位置 (-45,-160) 與尺寸（50）。

①在 🐱 按【選個角色】。

②按【人物】，點選【Tatiana】。

⑤按 【添加擴展】，點選【畫筆】，新增畫筆積木。

chapter 4　畫正多邊形

⑥按 事件 、畫筆 與 動作，拖曳下圖積木，設定畫筆筆跡顏色、寬度與角色定位，面朝右，在清除全部筆跡之後，下筆。

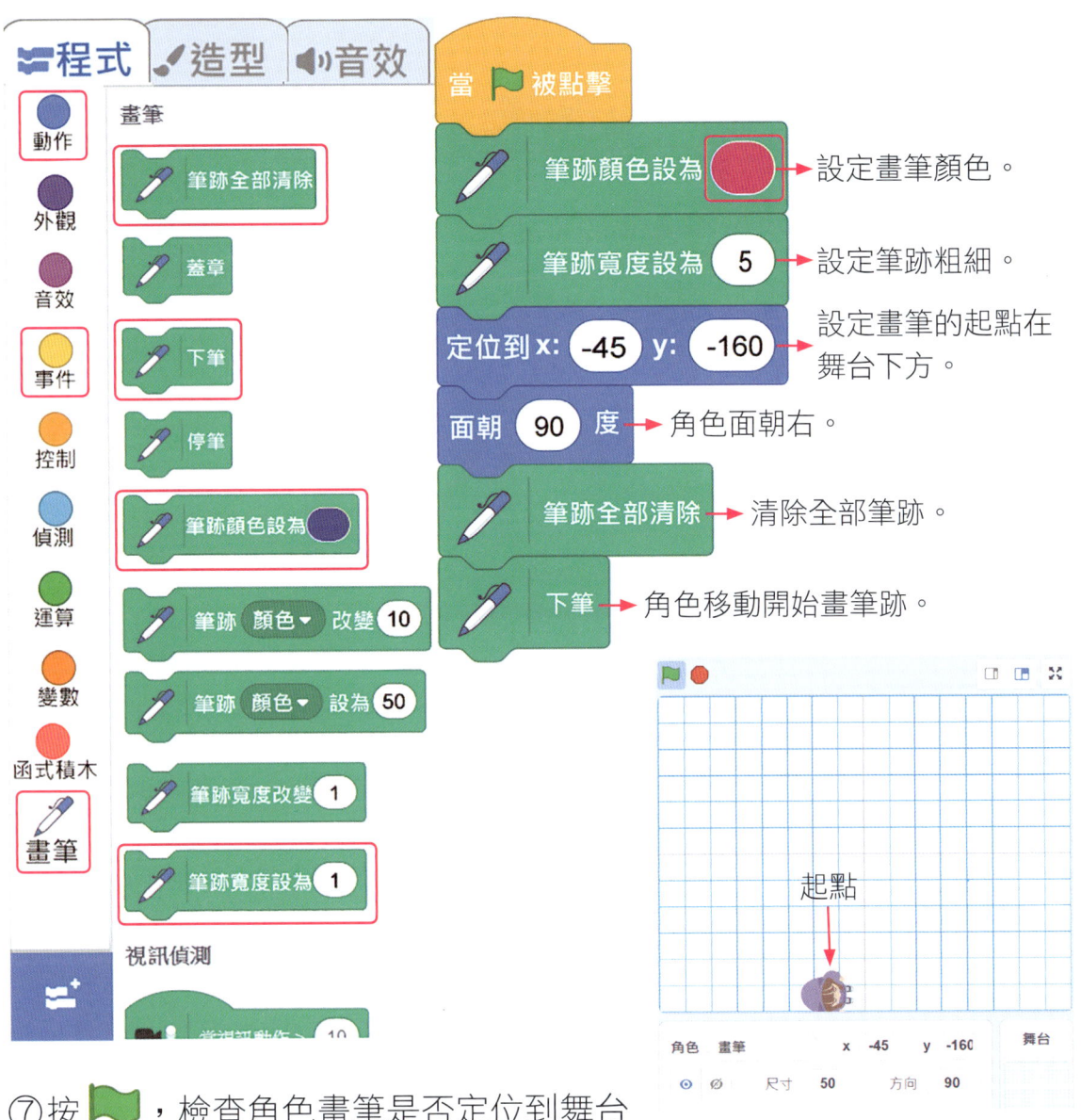

- 設定畫筆顏色。
- 設定筆跡粗細。
- 設定畫筆的起點在舞台下方。
- 角色面朝右。
- 清除全部筆跡。
- 角色移動開始畫筆跡。

⑦按 🚩，檢查角色畫筆是否定位到舞台下方，當作起點。

劃重點

舞台自訂，本範例的舞台名稱「Xy-grid-30px」。

4-4 畫正三角形

目標 按下 3，畫正三角形。

分析 按下 3，畫正三角形。

解析 1. 利用 事件 的 當 空白 鍵被按下，設定按下鍵盤按鍵 3，啟動程式執行。

2. 正三角形的三個邊等長（紅色、橘色、黃色三個邊），如圖 4-1 所示。

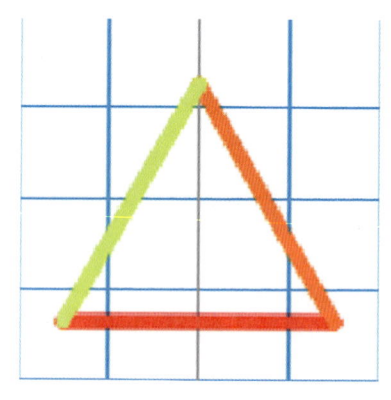

❋ 圖 4-1　正三角形的三個邊等長

3. 正三角形的三個外角角度為 120 度（計算公式為：360 ÷ 3 = 120），如圖 4-2 所示。

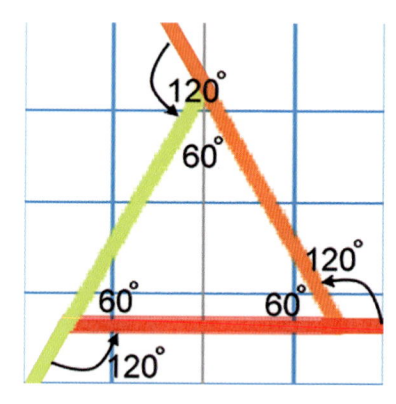

❋ 圖 4-2　正三角形的三個外角皆為 120 度

chapter 4　畫正多邊形

4. 角色 ![下筆] 之後，只要移動就會留下畫筆筆跡，利用 ![移動 10 點]，讓角色往面朝方向移動，畫正三角形的邊長。

5. 正三角形有三個邊，利用 ![控制] 的 ![重複 10 次]，重複執行 3 次，畫三個邊長。

6. 角色畫筆面朝右畫完邊長之後，向左旋轉 120 度（外角角度）繼續畫下一個邊長，如圖 4-3 所示，利用 ![左轉 15 度] 設定角色旋轉的角度。

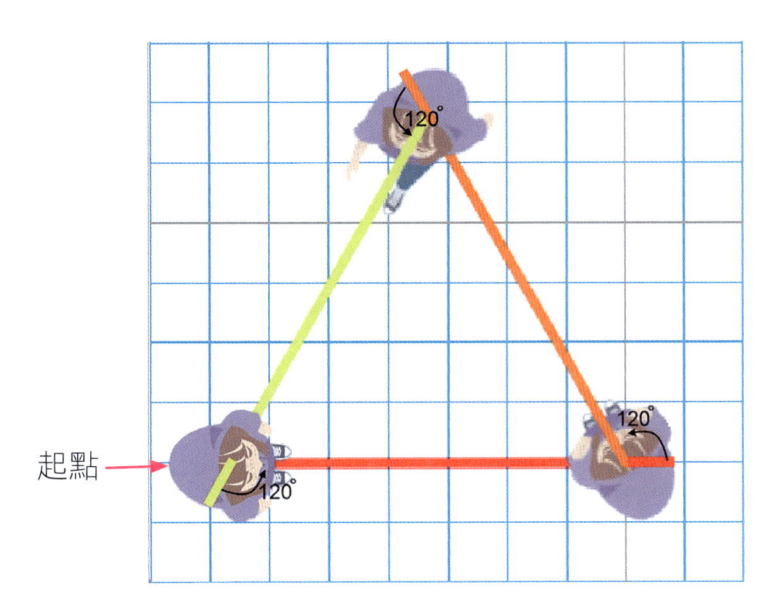

✻ 圖 4-3　正三角形角色旋轉的角度

Scratch3.0 創意程式設計融入學習領域

步驟

1 按 🟡事件、🟠控制、🖊畫筆與 🔵動作，拖曳積木，先改變畫筆顏色，再畫正三角形的一個邊長，向左旋轉 120 度，等待 1 秒，再畫另外 2 個邊長。

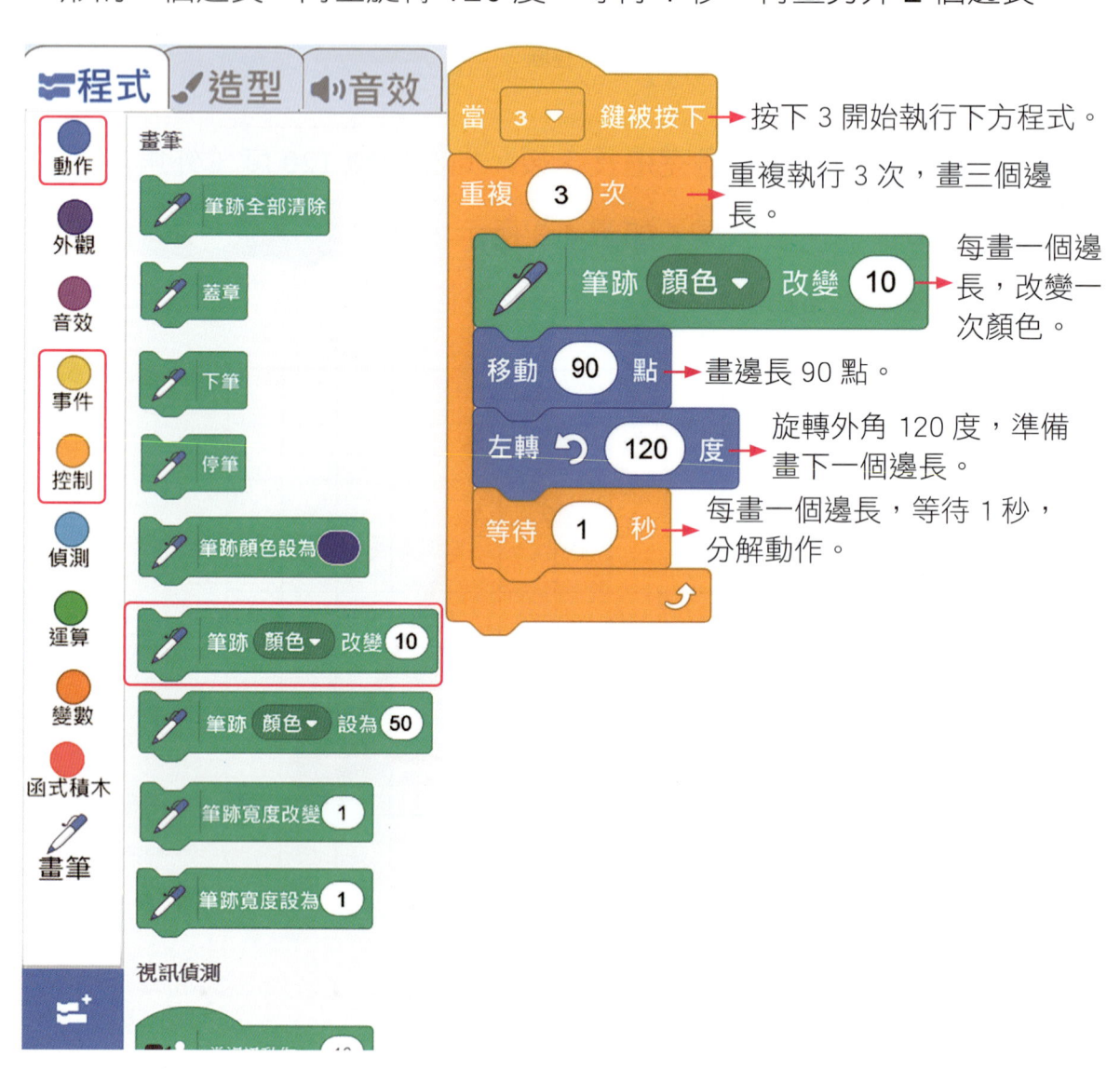

- 當 3 鍵被按下 → 按下 3 開始執行下方程式。
- 重複 3 次 → 重複執行 3 次，畫三個邊長。
- 筆跡 顏色 改變 10 → 每畫一個邊長，改變一次顏色。
- 移動 90 點 → 畫邊長 90 點。
- 左轉 120 度 → 旋轉外角 120 度，準備畫下一個邊長。
- 等待 1 秒 → 每畫一個邊長，等待 1 秒，分解動作。

2 按 🚩，再按 3，檢查畫筆是否畫三個不同顏色的正三角形，同時三個邊長相等，三個角度也相同。

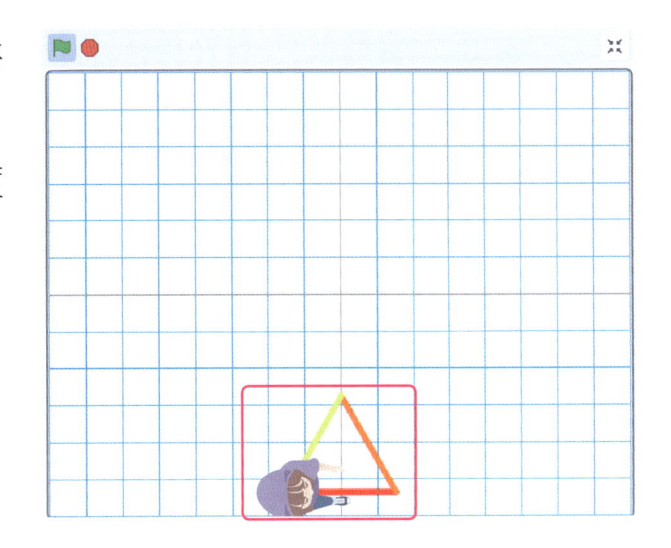

劃重點

舞台寬度為 480，高度為 360，若移動 90 點為邊長，在舞台上能夠畫正三角形、正方形、正五邊形、正六邊形……正十二邊形；因此，會將角色定位在舞台下方。

如果畫正多邊形的邊數愈多，則角色移動的點數需要減少。

4-5 畫正六邊形

目標 按下 6，畫正六角形。

分析 按下 6，畫正六邊形。

解析
1. 利用 ⚪ 事件 的 「當 空白 鍵被按下」，設定按下鍵盤按鍵 6，啟動程式執行。
2. 正六邊形的六個邊等長（粉、黃、藍、紫、橘、綠，六個邊），如圖 4-4 所示。

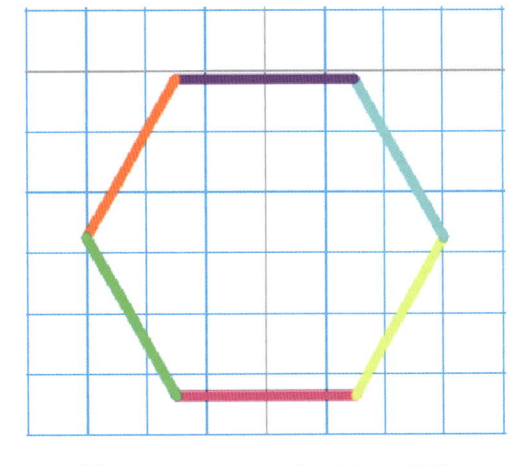

❋ 圖 4-4　正六邊形的六個邊

3. 正六邊形的六個外角角度為 60 度（計算公式為：360÷6 = 60），如圖 4-5 所示。

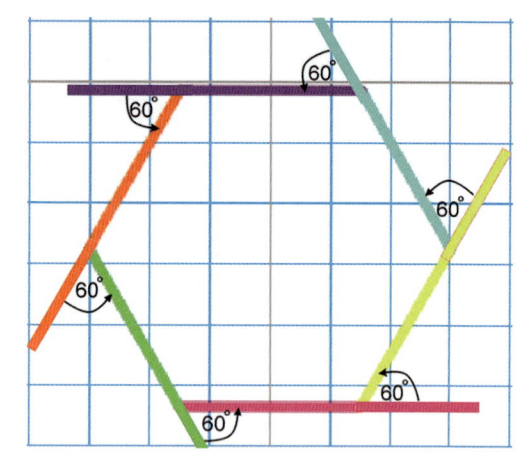

✿ 圖 4-5　正六邊形的六個外角皆為 60 度

4. 角色 [下筆] 之後，只要移動就會留下畫筆筆跡，利用 [移動 10 點]，讓角色往面朝方向移動，畫正三角形的邊長。

5. 正六邊形有六個邊，利用 控制 的 [重複 10 次]，重複執行 6 次，畫六個邊長。

6. 角色畫筆面朝右畫完邊長之後，向左旋轉 60 度（外角角度）繼續畫下一個邊長，如圖 4-6 所示，利用 [左轉 15 度] 設定角色旋轉的角度。

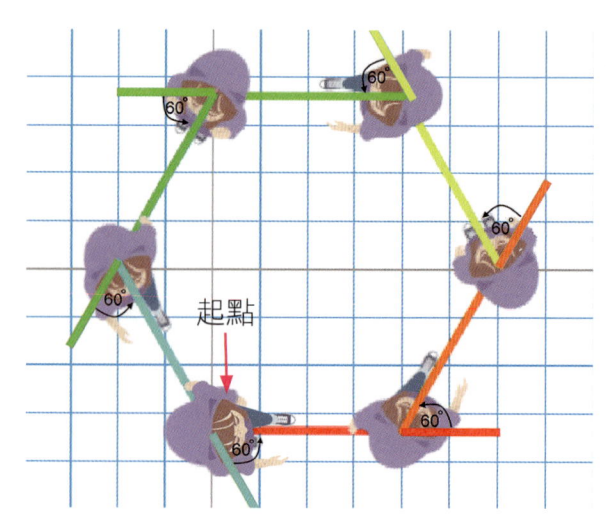

起點

✿ 圖 4-6　正六邊形設定角色旋轉的角度

chapter 4　畫正多邊形

步驟

1 按 ⬤事件、⬤控制、🖊畫筆 與 ⬤動作，拖曳積木，先改變畫筆顏色，再畫正六邊形的一個邊長，向左旋轉 60 度，等待 1 秒，再畫另外 5 個邊長。

- 當 6 鍵被按下 → 按下 6 開始執行下方程式。
- 重複 6 次 → 重複執行 6 次，畫六個邊長。
- 筆跡 顏色 改變 10 → 每畫一個邊長，改變一次顏色。
- 移動 90 點 → 畫邊長 90 點。
- 左轉 60 度 → 旋轉外角 60 度，準備畫下一個邊長。
- 等待 1 秒 → 每畫一個邊長，等待 1 秒，分解動作。

69

2 按 🚩，再按 6，檢查畫筆是否畫六個不同顏色的正六邊形，同時六個邊長相等，六個角度也相同。

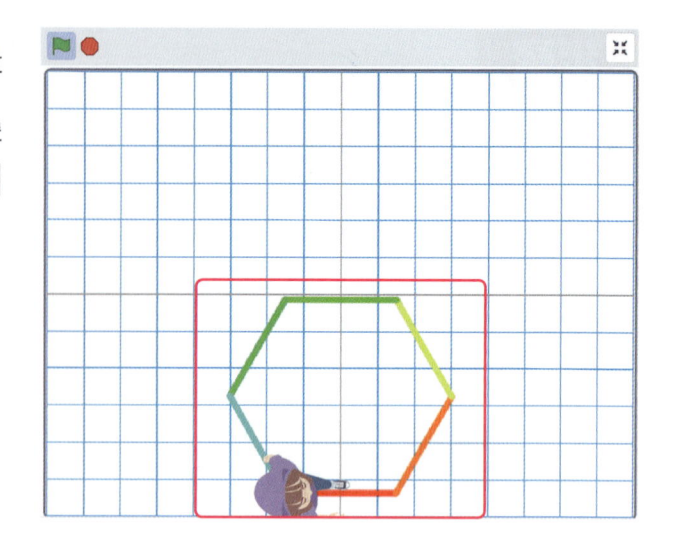

4-6 畫正多邊形

目標 按下 n，畫正 n 邊形，同時說出旋轉的角度。

分析 按下 n，畫正 n 邊形，同時說出旋轉的角度。

解析 1. 利用 事件 的 當 空白▼ 鍵被按下 ，設定按下鍵盤按鍵 n，啟動程式執行。

2. 正 n 邊形的 n 個邊等長，如圖 4-7 所示。

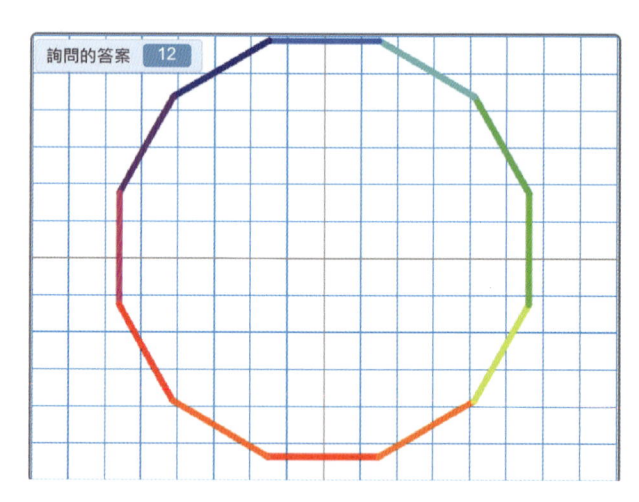

❋ 圖 4-7　正十二邊形的十二個邊等長

3. 正 n 邊形的 n 個外角角度為 $\frac{360}{n}$ 度，如圖 4-8 所示，以正十二邊形為例。

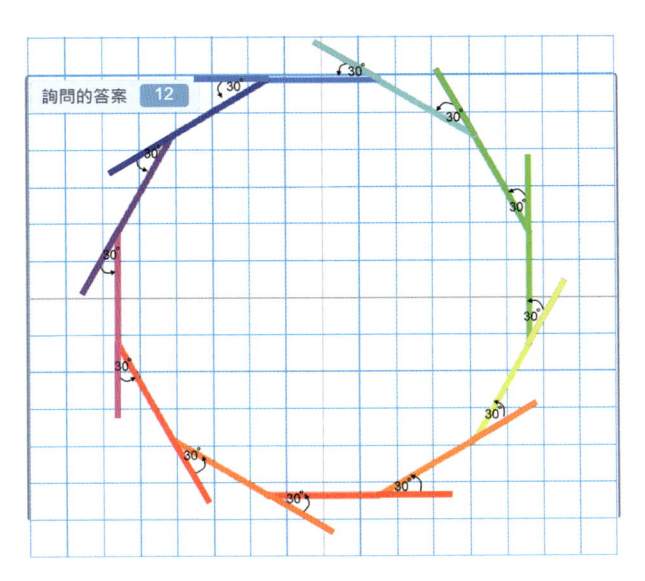

❉ 圖 4-8　正十二邊形的十二個外角皆為 30 度

4. 角色 [下筆] 之後，只要移動就會留下畫筆筆跡，利用 [移動 10 點]，讓角色往面朝的方向移動，畫出正三角形的邊長。

5. 正十二邊形有十二個邊，利用 [控制] 的 [重複 10 次]，重複執行 12 次，畫 12 個邊長。

6. 角色畫筆面朝右畫完邊長之後，向左旋轉 30 度（外角角度）繼續畫下一個邊長，如圖 4-9 所示，利用 [左轉 15 度] 設定角色旋轉的角度。

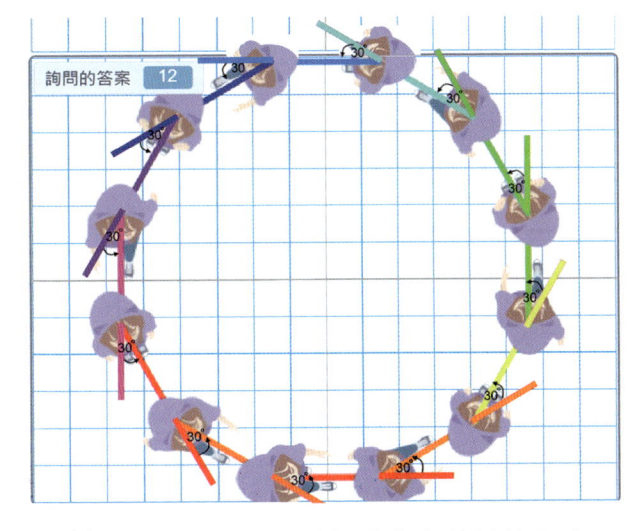

❉ 圖 4-9　正十二邊設定角色旋轉的角度

7. 利用 偵測 的 詢問 What's your name? 並等待，詢問讓使用者輸入正 n 邊形，再利用 詢問的答案 儲存使用者輸入的正 n 邊形。

步驟

1 按 事件、偵測、控制、畫筆、動作、運算 與 外觀，拖曳積木，先改變畫筆顏色，再畫正 n 邊形的一個邊長，向左旋轉 $\frac{360}{n}$ 度，同時說出旋轉的角度，等待 1 秒，再畫另外 n-1 個邊長。

- 當 n 鍵被按下 → 按下 n 開始執行下方程式。
- 詢問 請輸入正多邊形 並等待 → 詢問請輸入正多邊形，例如輸入 12。
- 重複 詢問的答案 次 → 重複執行 12 次，畫 12 個邊長。
- 筆跡 顏色 改變 10
- 移動 90 點 → 畫邊長 90 點。
- 左轉 360 / 詢問的答案 度 → 旋轉外角 30 度，準備畫下一個邊長。
- 說出 360 / 詢問的答案 → 說出旋轉的角度。
- 等待 1 秒 → 每畫一個邊長，等待 1 秒，分解動作。

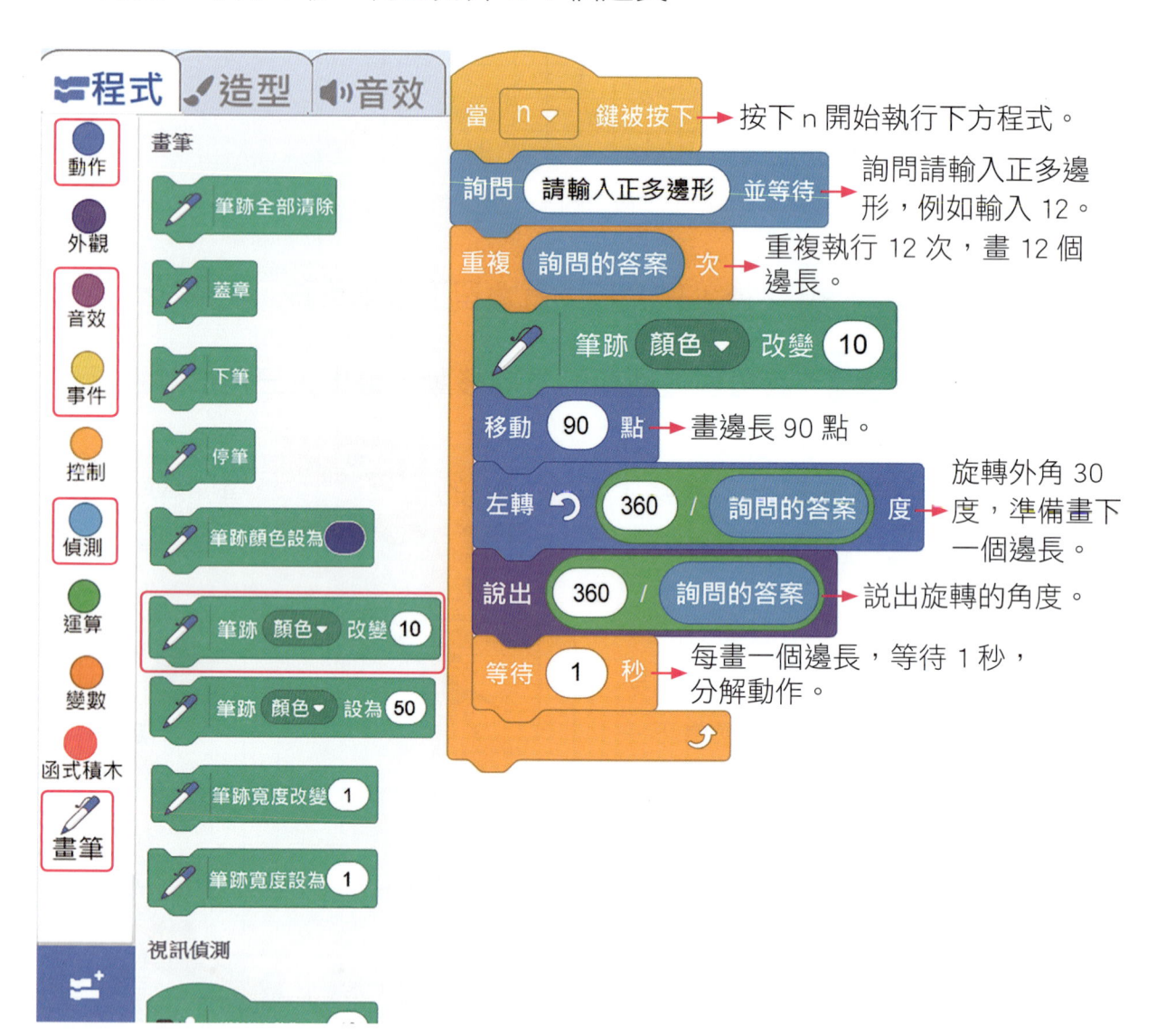

chapter 4　畫正多邊形

2 按 🏁，再按 n，輸入【12】，檢查畫筆是否畫 12 個不同顏色的正十二邊形，同時說出旋轉角度「30」。

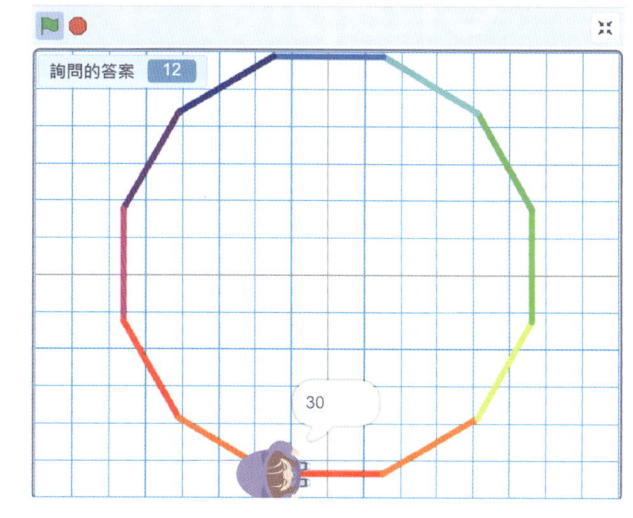

3 按 🏁，再按 n，分別輸入【3】～【12】，檢查畫筆是否畫 3～12 個不同顏色的正三～正十二邊形。

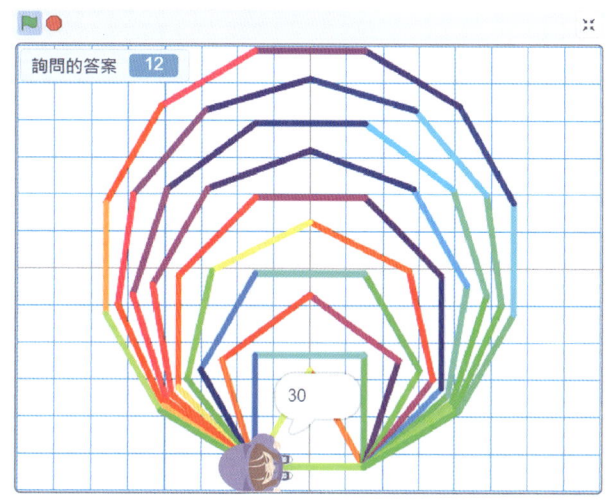

73

Chapter 4　課後習題

_____ 1. 下列哪一組程式積木<u>不屬於</u>「重複結構」？

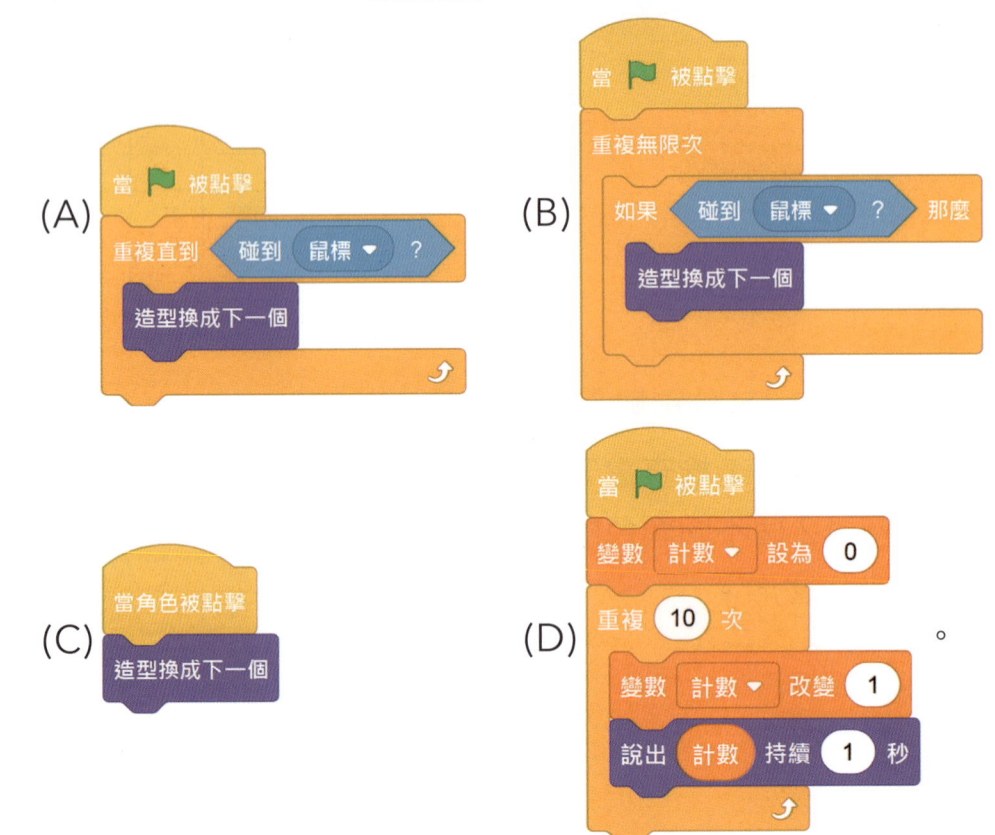

(A)　(B)　(C)　(D)

_____ 2. 如果想設計角色移動，畫筆開始下筆畫圖時，<u>無法</u>使用下列哪一個積木讓角色移動？

(A) 面朝 90 度　(B) 移動 10 點　(C) x 改變 10　(D) y 改變 10 。

_____ 3. 如下圖所示，貓咪的<u>畫筆筆跡愈來愈粗</u>，是應用下列哪一個積木？

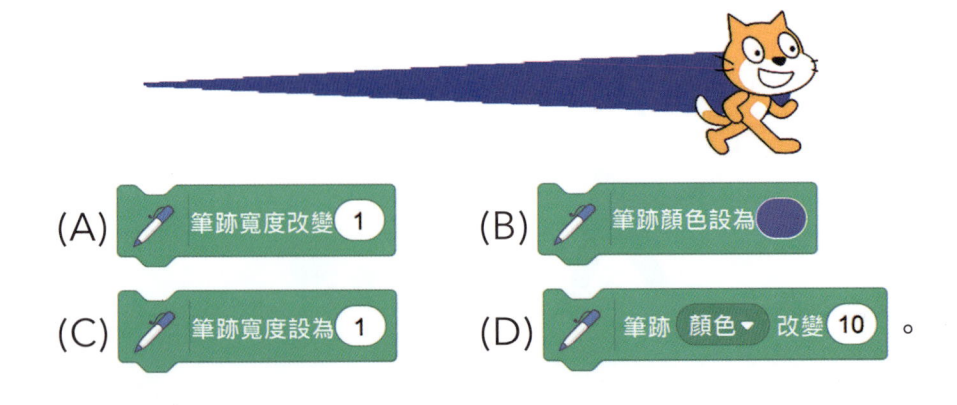

(A) 筆跡寬度改變 1　(B) 筆跡顏色設為 ●
(C) 筆跡寬度設為 1　(D) 筆跡 顏色 改變 10 。

_____ 4. 在點擊綠旗下筆之後,執行右圖程式積木,其執行結果為何?

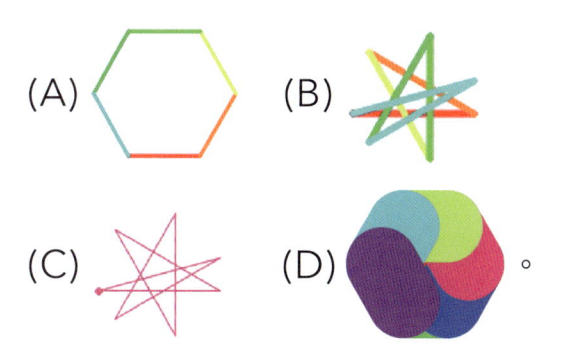

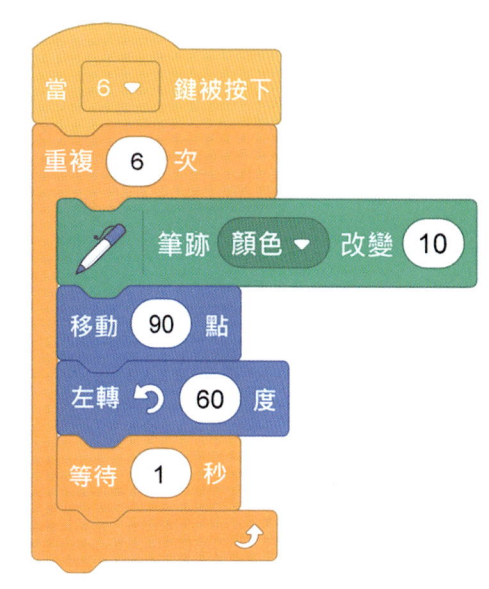

(A) 六邊形 (B) 星形
(C) 星形 (D) 多色六邊形。

_____ 5. 右圖程式積木的敘述,何者錯誤?
(A) 如果輸入 9,左轉的角度 40
(B) 如果輸入 9,角色畫出正九邊形
(C) 如果輸入 12,角色說出:「360/12」
(D) 如果輸入 12,程式重複執行 12 次。

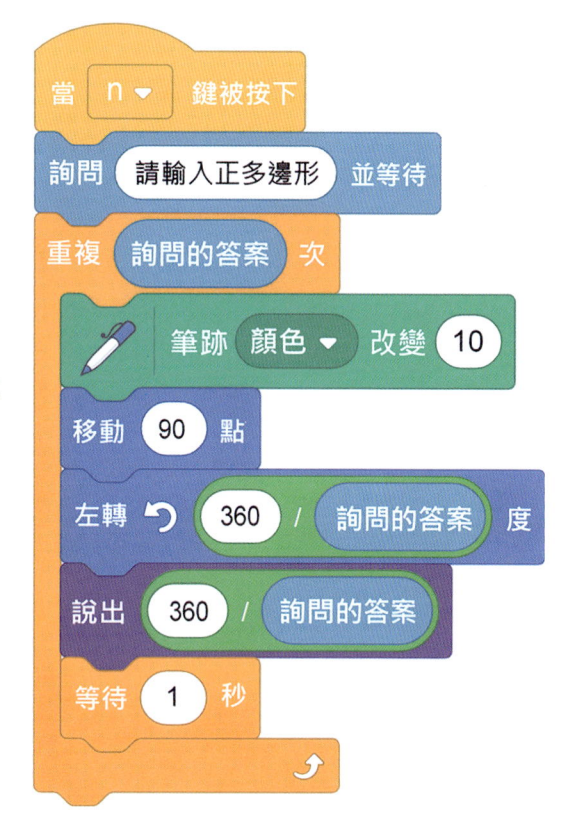

筆記頁

Chapter 5 我的家族稱謂連連看

　　本章將應用動作與偵測積木,設計「我的家族稱謂連連看」專題。在程式開始點擊綠旗時,家族成員在 1～20 秒之間,從舞台右邊往左移動。點擊家族成員時,家族成員跟著滑鼠游標移動。當家族成員與家族稱謂距離小於 10 時,移到家族稱謂的位置。當把所有的家族成員移到正確的稱謂時,計時器將說出連連看所花費的時間。

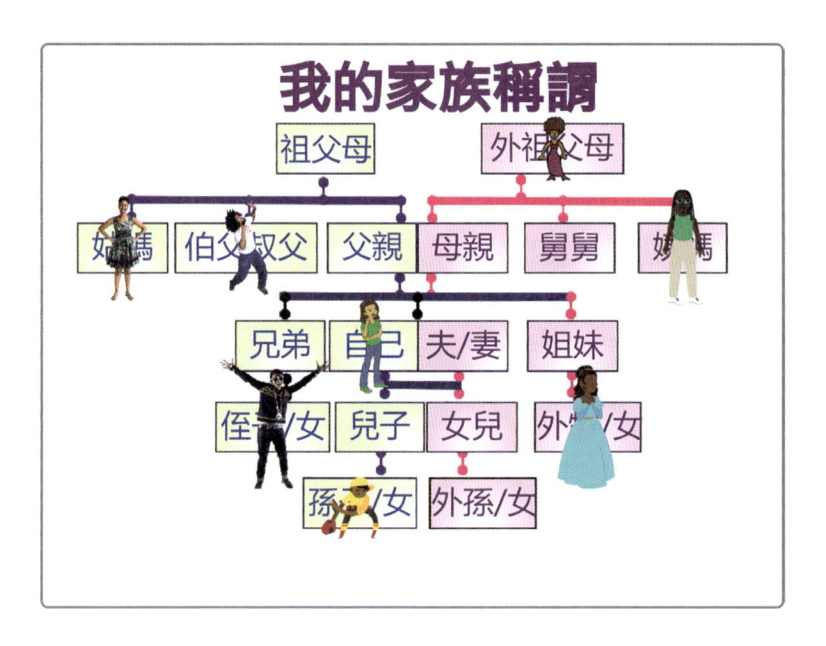

學習目標

1. 設計角色跟著滑鼠游標移動。
2. 設計角色從舞台右邊往左移動。
3. 能夠應用變數計算個數並應用計時器計時。
4. 能夠偵測角色與角色之間的距離。

5-1 我的家族稱謂連連看腳本規劃

在程式開始點擊綠旗時，家族成員在 1～20 秒之間，從舞台右邊往左移動。點擊家族成員時，家族成員跟著滑鼠游標移動。當家族成員與家族稱謂距離小於 10 時，移到家族稱謂的位置。當把所有的家族成員移到正確的稱謂時，計時器將說出連連看所花費的時間。

一 我的家族稱謂連連看腳本規劃

舞台	角色	動畫情境
我的家族稱謂	18 個家族稱謂（姑媽～外孫女）	當綠旗被點擊時，18 個家族稱謂會定位在背景的家族稱謂關係圖上方。
	「我」～「兒子的兒子」8 位家族成員	1. 當綠旗被點擊時，8 位家族成員從舞台右邊往左邊移動。 2. 移動過程中，如果點擊角色，家族成員就會停止移動；家族成員說出家族之間的關係，同時跟著滑鼠游標移動。 3. 當家族成員與家族稱謂距離小於 10 時，定位到家族稱謂的位置，同時，完成個數加 1。 4. 當完成 8 位家族成員與家族稱謂的連連看，角色將說出計時器的時間。

二 我的家族稱謂連連看

請將下表的家族成員，連接到正確的家族稱謂（答案於第 149 頁公布）。

chapter 5 我的家庭稱謂連連看

家族成員	1.我 我	2.爸爸的哥哥 爸爸的哥哥	3.爸爸的姐姐 爸爸的姐姐	4.媽媽的姐姐 媽媽的姐姐	5.姐姐的女兒 姐姐的女兒	6.弟弟的兒子 弟弟的兒子	7.媽媽的媽媽 媽媽的媽媽	8.兒子的兒子 兒子的兒子
家族稱謂	(A) 外祖母	(B) 姨媽	(C) 自己	(D) 外甥女	(E) 伯父	(F) 孫子	(G) 姑媽	(H) 侄子

5-2 我的家族稱謂連連看流程設計

我的家族稱謂程式執行流程如下圖所示。

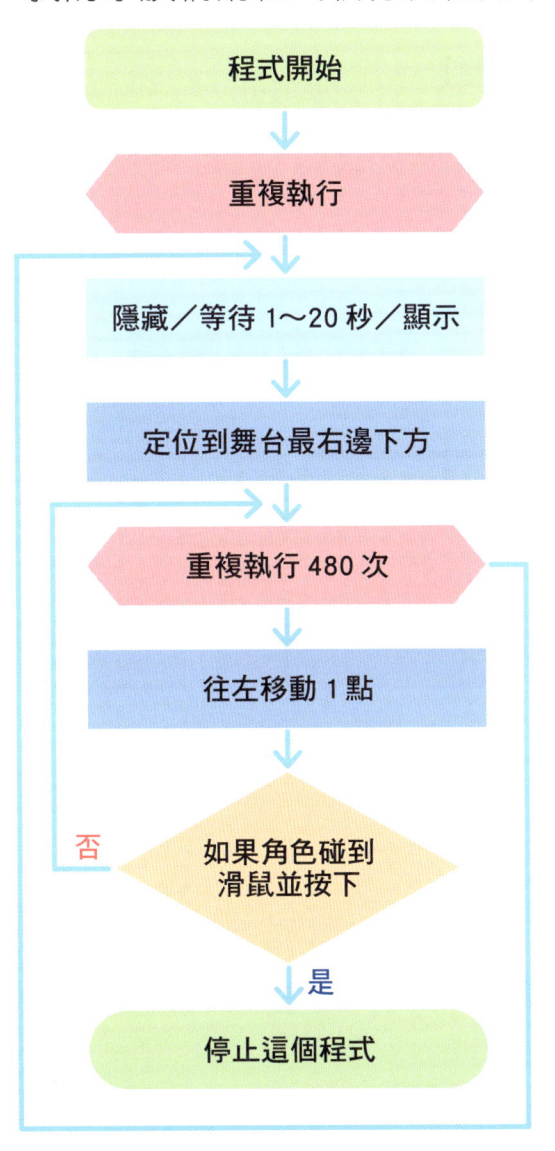

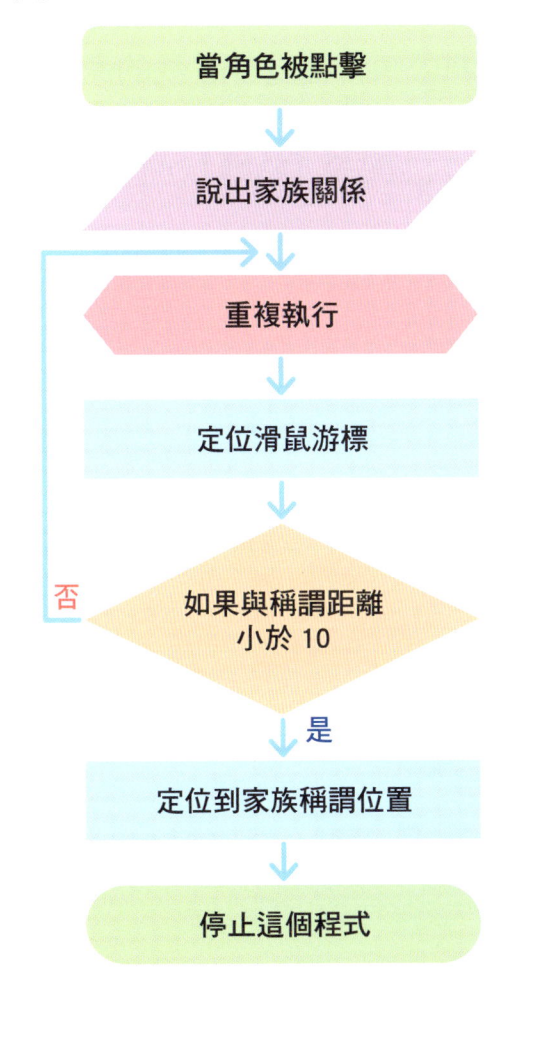

程式開始
↓
重複執行
↓
隱藏／等待 1～20 秒／顯示
↓
定位到舞台最右邊下方
↓
重複執行 480 次
↓
往左移動 1 點
↓
如果角色碰到滑鼠並按下 — 否
↓ 是
停止這個程式

當角色被點擊
↓
說出家族關係
↓
重複執行
↓
定位滑鼠游標
↓
如果與稱謂距離小於 10 — 否
↓ 是
定位到家族稱謂位置
↓
停止這個程式

79

5-3 定位家族稱謂

目標 開始執行程式，點擊綠旗時，姑媽～外孫女共 18 個家族稱謂角色，定位在背景「我的家族稱謂」名稱的上方。

分析 角色家族稱謂（ 姑媽 ～ 外孫/女 ），定位在背景文字（ 我的家族稱謂 ）上方。

解析 利用 動作 的 定位到 x: 0 y: 0 設定角色在舞台的位置。

步驟

1. 開啟練習檔【ch5 我的家族稱謂連連看】。

2. 點選【姑媽】，拖曳積木，將姑媽定位在舞台「姑媽」文字的上方。

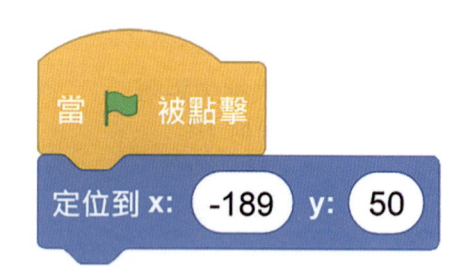

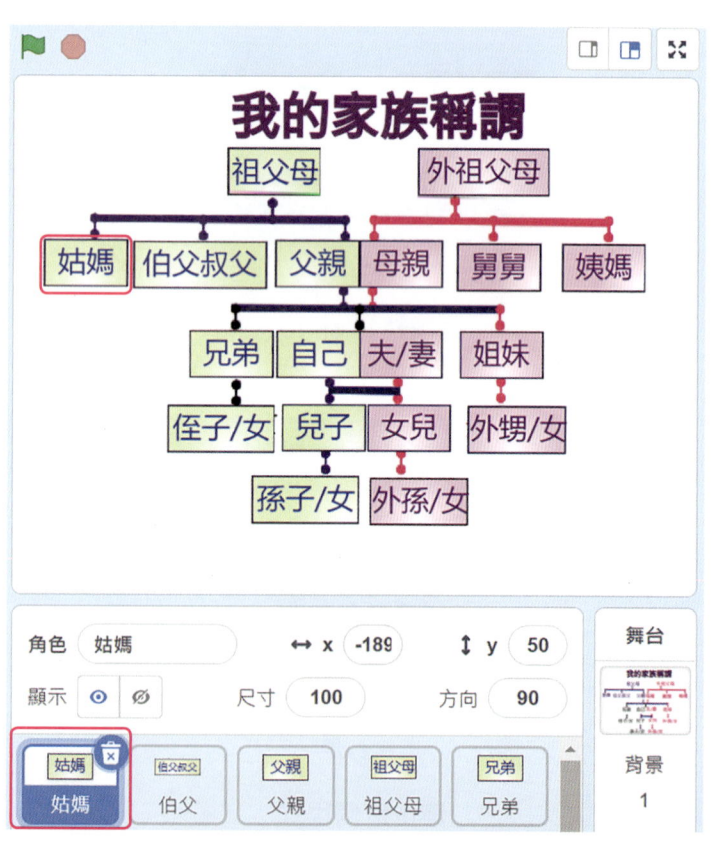

3 重複上述步驟，拖曳相同積木，依序將角色「伯父叔父」～「外孫女」共 17 個角色，定位在舞台文字上方。每個家族稱謂定位的 (x,y) 坐標如圖所示。

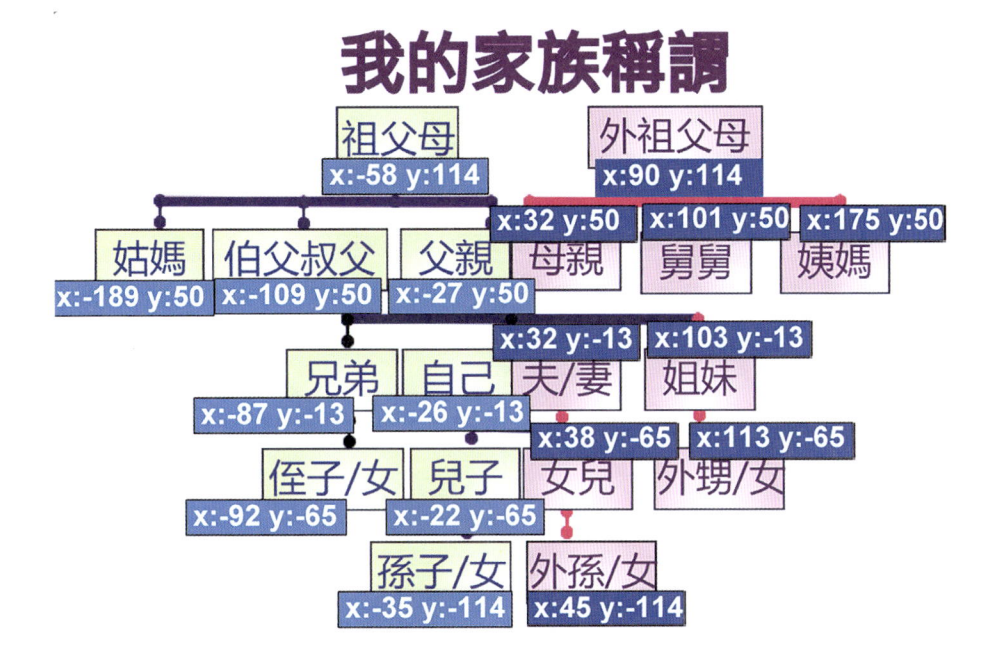

我的家族稱謂

- 祖父母 x:-58 y:114
- 外祖父母 x:90 y:114
- 父親 x:-27 y:50
- 母親 x:32 y:50
- 舅舅 x:101 y:50
- 姨媽 x:175 y:50
- 姑媽 x:-189 y:50
- 伯父叔父 x:-109 y:50
- 兄弟 x:-87 y:-13
- 自己 x:-26 y:-13
- 夫/妻 x:32 y:-13
- 姐妹 x:103 y:-13
- 侄子/女 x:-92 y:-65
- 兒子 x:-22 y:-65
- 女兒 x:38 y:-65
- 外甥/女 x:113 y:-65
- 孫子/女 x:-35 y:-114
- 外孫/女 x:45 y:-114

5-4 角色從舞台右邊往左移動

目標 讓角色從舞台右邊往左移動，與停止移動。

一、角色往左移動

在程式開始點擊綠旗時，8 位家族成員在 1 ～ 20 秒之間，從舞台右邊往左移動。

分析 當綠旗被點擊時，[我]～[兒子的兒子]（「我」～「兒子的兒子」）8 位家族成員在 1 ～ 20 秒之間，隨機從舞台右邊往左邊移動。

解析 1. 家族成員在 1 ～ 20 秒之間，利用 控制 的 等待 1 秒 控制程式執行時間，再利用 運算 的 隨機取數 1 到 10 控制時間在 1 ～ 20 秒之間，隨機等待 1 ～ 20 秒。

2. Scratch 舞台 y 坐標的高度為 360，從 -180 ～ 180；x 坐標的寬度為 480，從 -240 ～ 240，如下圖所示。

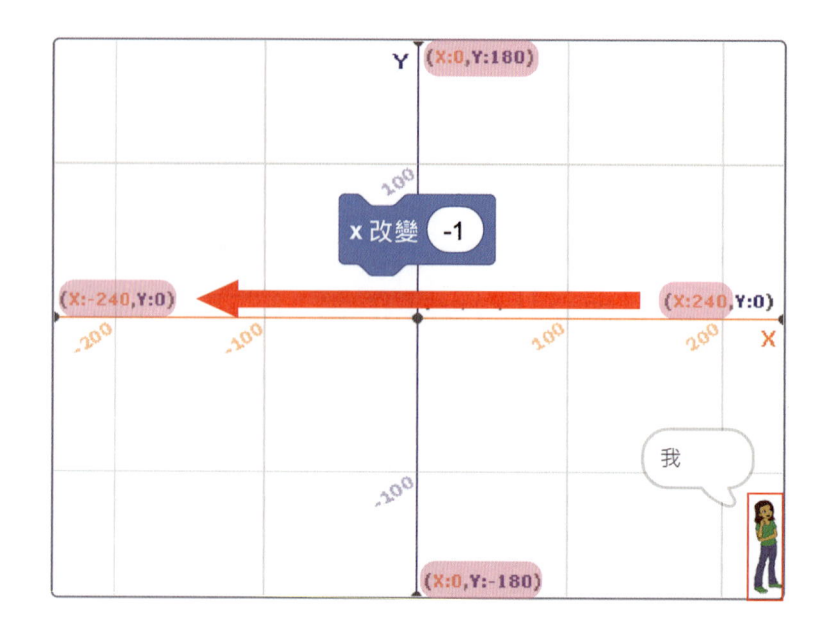

3. 家族成員從舞台最右邊（x 為 240），利用 動作 的 定位到 x: 0 y: 0 設定角色在舞台 x=240 的位置。

4. 家族成員往左移動，利用 動作 的 x 改變 10 ，將 x 坐標改為負數往左移動。

5. 舞台寬度為 480，如果每次 x 改變 -1，往左移動 1，則需要移動 480 次，利用 控制 的 重複 10 次 ，重複執行 480 次。

chapter 5 我的家庭稱謂連連看

步驟

1. 【我】 點選角色【我】，將角色移到舞台的右下方。

2. 拖曳積木，程式開始執行後，先將角色隱藏，等待 1～20 秒再顯示，並定位在舞台的右下方，重複往左移動 480 次。

3. 按 🚩，檢查角色「我」，是否在等待 1～20 秒之間，從舞台右下方往左移動。

積木組合：
- 當 🚩 被點擊
- 隱藏
- 等待 隨機取數 1 到 20 秒
- 顯示
- 定位到 x: 240 y: -132
- 重複 480 次
  - x 改變 -1

二、角色停止移動

如果點擊角色家族成員就停止移動。

分析 角色移動過程中，如果點擊角色家族成員就停止移動。

解析
1. 利用 偵測 的 碰到 鼠標 ？，偵測角色是否碰到滑鼠。
2. 再利用 滑鼠鍵被按下？，偵測滑鼠游標是否被按下。
3. 當角色碰到滑鼠游標，而且按下滑鼠時，表示已點擊角色。利用 運算 的 ＿ 且 ＿ 判斷角色是否同時碰到滑鼠游標，而且有按下滑鼠。
4. 利用 控制 的 停止 全部 ▼，停止程式執行，讓角色停止移動。

步驟

1 點選角色【我】，在重複執行 480 次時，往左移動的積木下方，拖曳積木，如果角色碰到滑鼠游標而且按下滑鼠時，停止這個程式執行，角色停止移動。

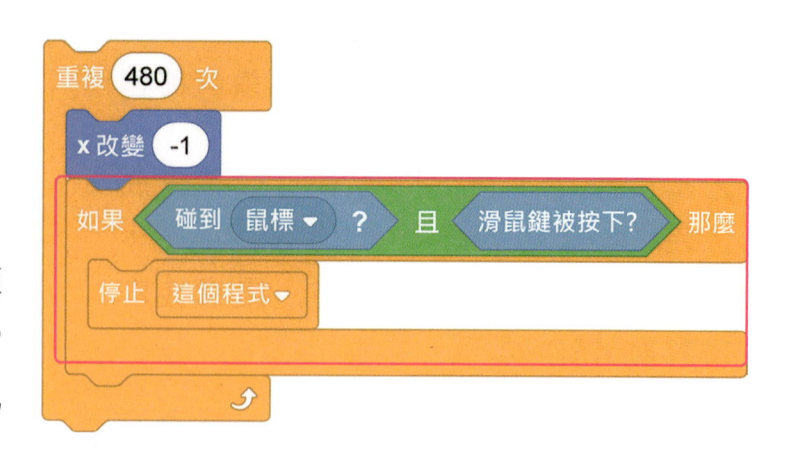

2 按 控制，拖曳 重複無限次 到綠旗被點擊的下方，當家族成員移到最左方時，再重複由右往左移動，直到被點擊。

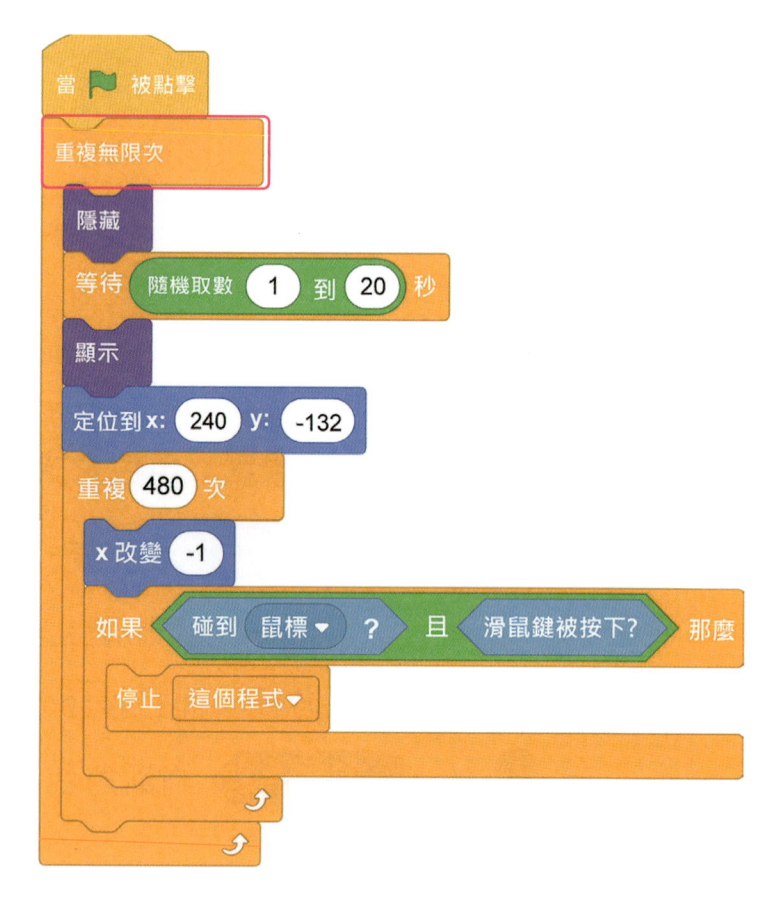

3 按 🏳，檢查角色「我」，是否在等待 1～20 秒之間，從舞台右下方往左移動，當角色被點擊時，角色停止移動。

5-5 角色跟著滑鼠游標移動

目標 點擊家族成員時，家族成員說出家族之間的關係，同時跟著滑鼠游標移動。

分析 當 [我] ～ [兒子的兒子]（「我」～「兒子的兒子」）8個家族成員被點擊時，家族成員說出家族之間的關係，同時跟著滑鼠游標移動。

解析
1. 點擊家族成員，利用 [事件] 的 [當角色被點擊]，當點擊角色時開始執行下方程式。

2. 利用 [外觀] 的 [說出 Hello!]，讓角色說出家族之間的關係。

3. 利用 [動作] 的 [定位到 鼠標 位置]，讓角色定位到滑鼠游標的位置，再利用 [控制] 的 [重複無限次]，讓角色重複跟著滑鼠游標移動。

步驟

1 [我] 點選角色【我】，拖曳積木，當角色被點擊的時候，角色說出：「我」，並重複跟著滑鼠游標移動。

```
當角色被點擊
說出 我
重複無限次
    定位到 鼠標 位置
```

2 按 🚩，點擊角色「我」，檢查角色是否跟著滑鼠游標移動、說出：「我」，並停止往左移動。

我的家族稱謂

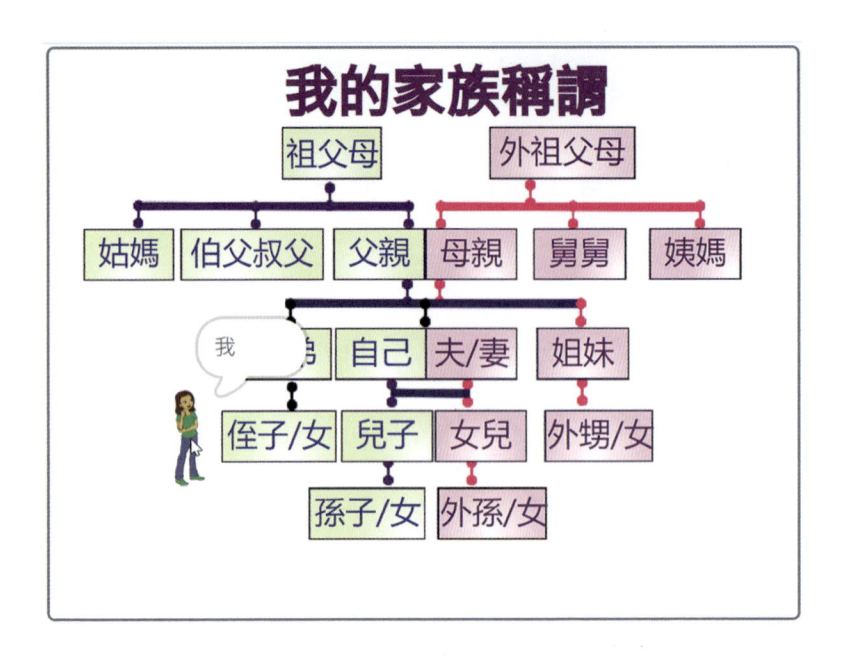

祖父母 — 外祖父母
姑媽　伯父叔父　父親　母親　舅舅　姨媽
我　自己　夫/妻　姐妹
侄子/女　兒子　女兒　外甥/女
孫子/女　外孫/女

5-6 偵測角色間距離

目標 當家族成員與家族稱謂距離小於 10 時，定位到家族稱謂的位置，同時，完成個數加 1。當完成 8 位家族成員與家族稱謂的連連看，角色將說出計時器的時間。

分析
1. 當家族成員與家族稱謂距離小於 10 時，定位到家族稱謂的位置。同時，完成個數加 1。
2. 當完成 8 位家族成員與家族稱謂的連連看，角色將說出計時器的時間。

解析
1. 利用 [偵測] 的 [與 鼠標 的間距]，偵測家族成員「我」與家族稱謂「自己」之間的距離。

2. 利用 [控制] 的 [如果 那麼] 與運算的 [◯ < 50]，判斷家族成員與家族稱謂的距離是否小於 10。

3. 家族成員「我」與家族稱謂「自己」之間的距離小於 10 時，將家族成員「我」定位到家族稱謂「自己」的位置。

4. 利用 [變數]，建立一個變數，變數名稱為「完成個數」，當家族成員正確移到家族稱謂的位置時，完成個數改變 1。

chapter 5 我的家庭稱謂連連看

步驟

1 點選 變數，按 **建立一個變數**，輸入【完成個數】，再按【確定】，建立完成個數變數。

2 拖曳積木，當角色「我」跟著滑鼠游標移動，與角色「自己」的距離小於 10 的時候，定位到角色「自己」的位置，同時變數完成個數加 1，並停止這個程式的執行。

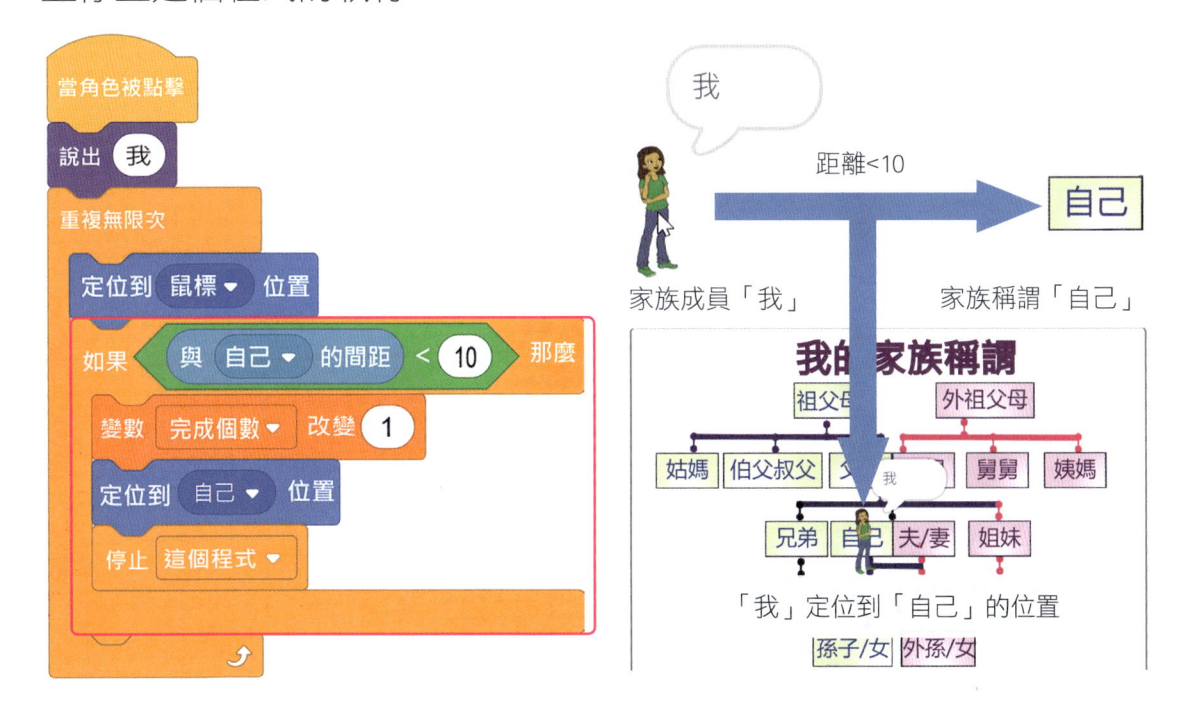

Scratch3.0 創意程式設計融入學習領域

3 點選角色【我】，拖曳「角色移動」與「偵測角色距離」兩組程式，到 ～ 七個家族成員。

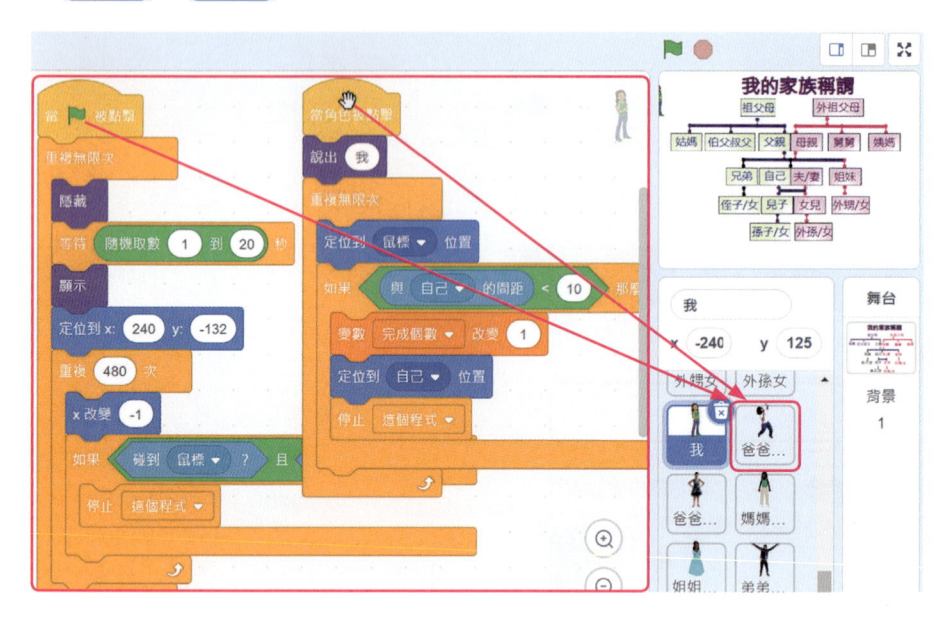

4 點選角色【爸爸的哥哥】，將説出的家族成員改為【爸爸的哥哥】。偵測角色的距離，改為家族稱謂【伯父】。定位的名稱改為家族稱謂【伯父】。

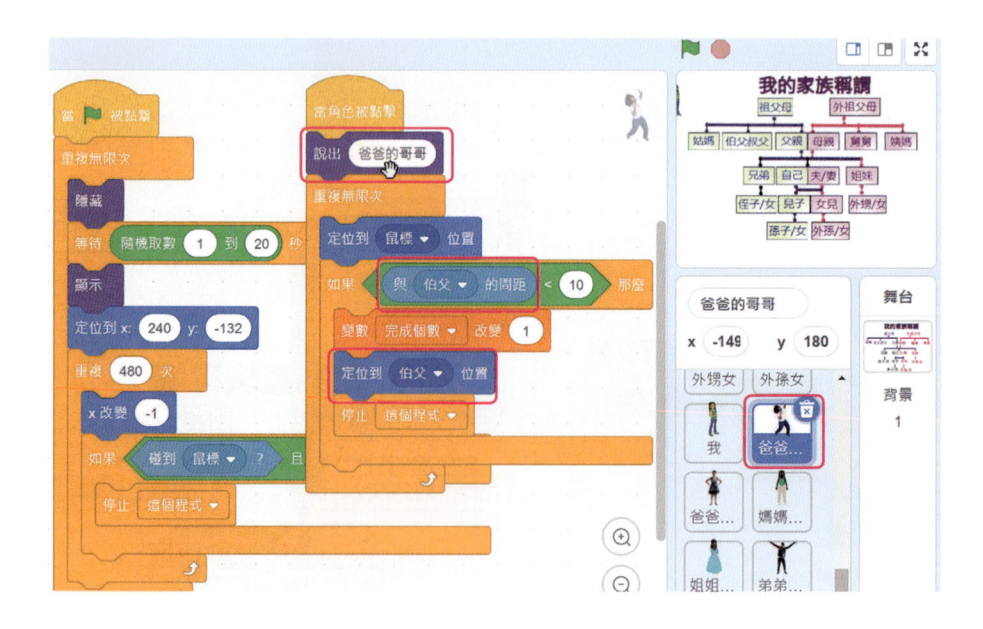

88

5 重複上述動作,完成其他六個家族成員的程式,家族成員與家族稱謂如下表。

家族成員	1.我	2.爸爸的哥哥	3.爸爸的姐姐	4.媽媽的姐姐	5.姐姐的女兒	6.弟弟的兒子	7.媽媽的媽媽	8.兒子的兒子
家族稱謂	自己	伯父	姑媽	姨媽	外甥女	姪子	外祖母	孫子

6 按 🚩,檢查家族成員是否在 1～20 秒內,從舞台右邊往左移動,點擊家族成員時,家族成員跟著滑鼠游標移動。當家族成員與家族稱謂距離小於 10 時,家族成員定位到家族稱謂的位置。

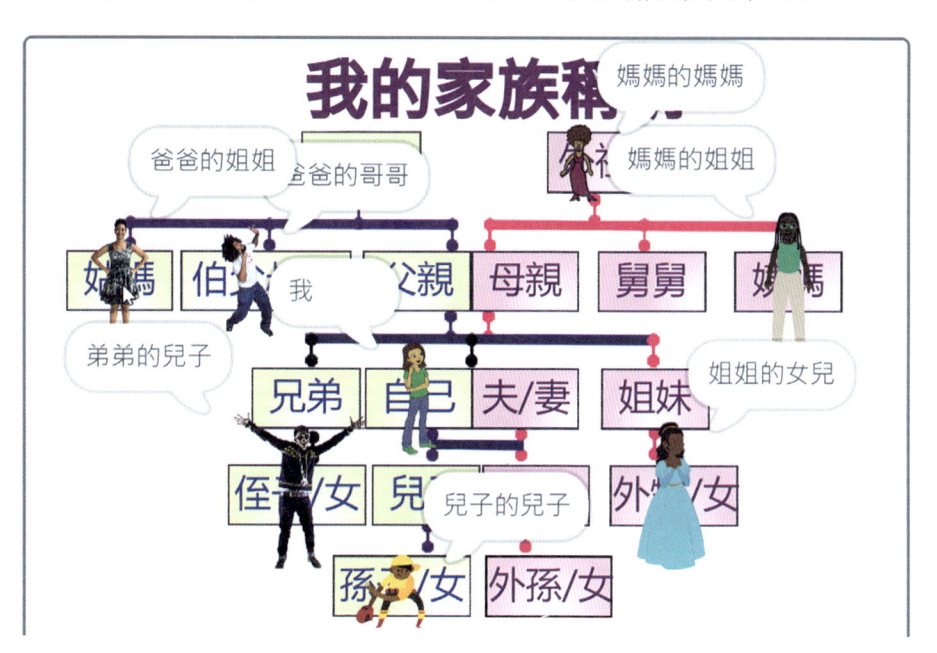

5-7 計算個數與計時器

目標 當完成 8 個家族成員連連看時，角色說出連連看的時間。

分析
1. 程式開始執行時，將完成個數設定為 0，計時器重置歸 0。
2. 等待「完成個數 =8」時，完成全部家族成員的連連看，並說出計時器的時間。

解析
1. 利用 ⬤變數 的 `變數 完成個數▼ 設為 0` 將完成個數設定為 0。

2. 利用 ⬤偵測 的 `計時器重置` 將計時器重置歸 0。

3. 利用 ⬤控制 的 `等待直到 ◆`，讓程式一直等待，直到條件「完成個數 =8」成立時，再繼續執行下一行。

4. 利用 ⬤偵測 的 `計時器`，顯示計時器的時間，再利用 ⬤外觀 的 `說出 Hello! 持續 2 秒` 與 ⬤運算 的 `字串組合 apple banana`，讓角色說出：「計時 XX」。

步驟

1. 點選角色【我】，拖曳積木，程式開始執行時，將完成個數設定為 0，計時器重置歸 0。等待「完成個數 =8」時，說出計時器的時間。

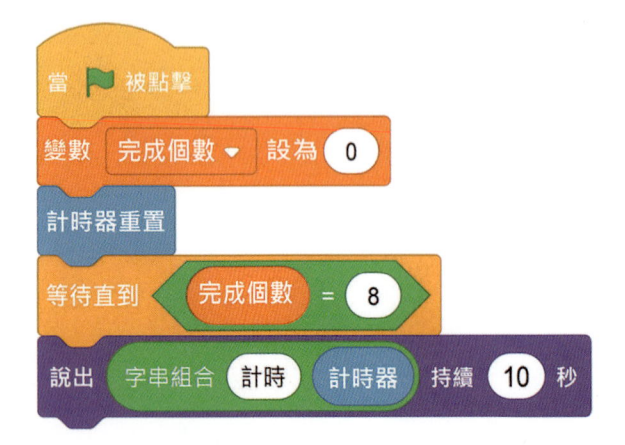

```
當 ▶ 被點擊
變數 完成個數▼ 設為 0
計時器重置
等待直到 < 完成個數 = 8 >
說出 字串組合 計時 計時器 持續 10 秒
```

chapter 5　我的家庭稱謂連連看

2 按 🏁，檢查完成 8 位家族成員連連看時，角色「我」是否說出：「計時 27.091」。

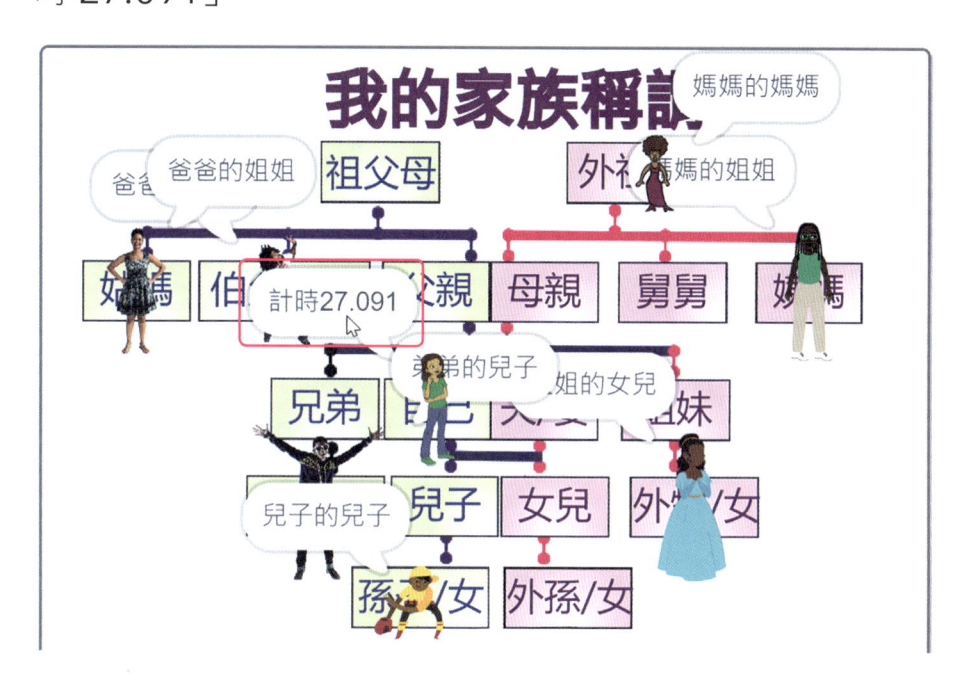

Chapter 5　課後習題

_____ 1. 如果想設計比較兩數之間的大小關係，應該使用下列哪一個積木？

　　(A) ⬡ < 50 ⬡　　　　(B) ⬡ + ⬡

　　(C) ⬢ 不成立　　　　(D) ⬢ 且 ⬢ 。

_____ 2. 右圖程式積木的執行結果為何？
　　(A) "13"　　(B) 40
　　(C) 5+8　　(D) 13。

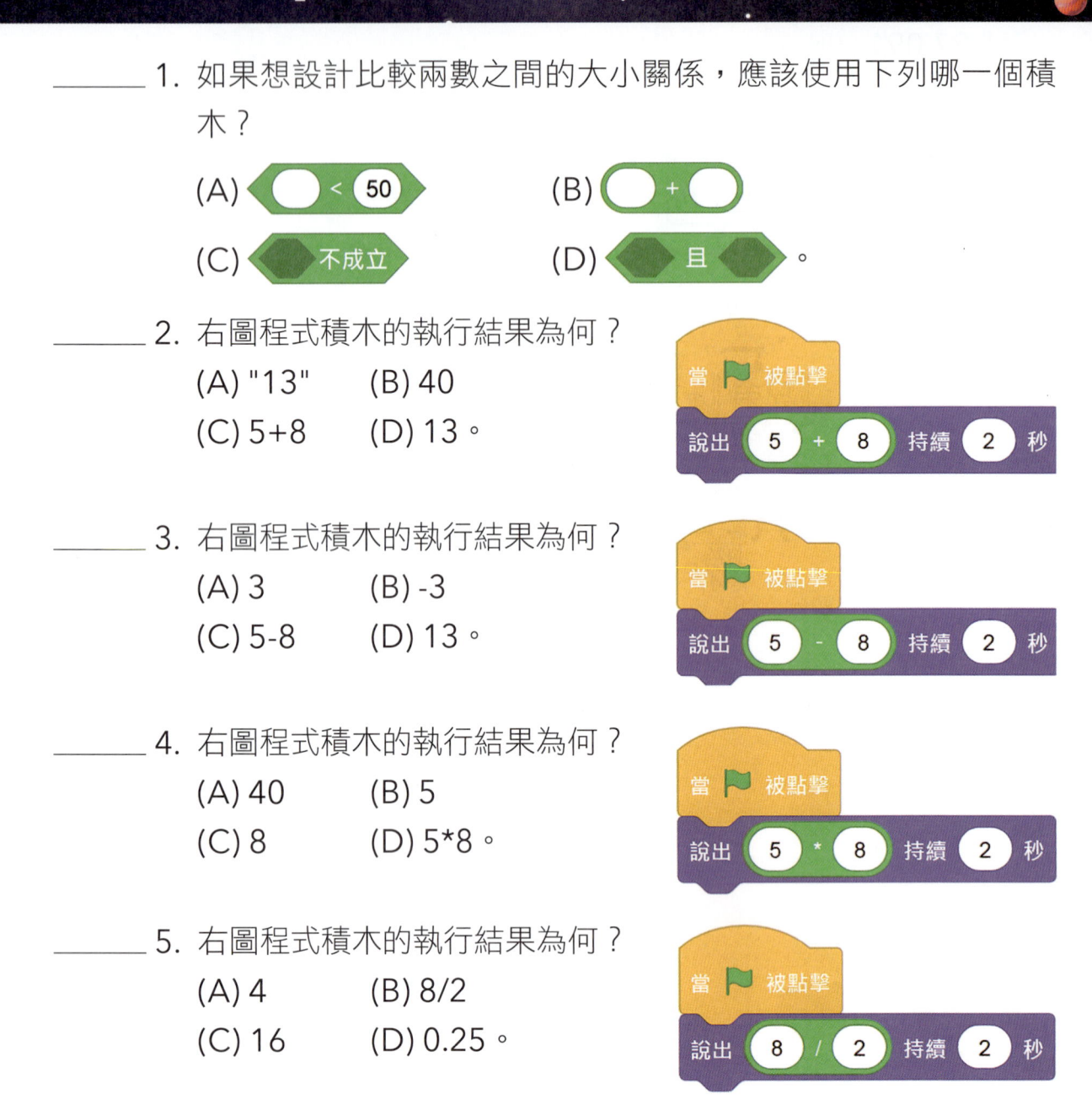

_____ 3. 右圖程式積木的執行結果為何？
　　(A) 3　　　(B) -3
　　(C) 5-8　　(D) 13。

_____ 4. 右圖程式積木的執行結果為何？
　　(A) 40　　(B) 5
　　(C) 8　　　(D) 5*8。

_____ 5. 右圖程式積木的執行結果為何？
　　(A) 4　　　(B) 8/2
　　(C) 16　　(D) 0.25。

Chapter 6 身分證驗證機

　　本章將應用 Scratch 3 的清單與函式積木，設計「身分證驗證機」專題。在程式開始點擊綠旗時，詢問並輸入使用者的身分證字號、說出輸入的身分證字號、計算最後一個驗證碼的數字，確認驗證碼與使用者輸入的身分證字號的最後一個數字是否相同。如果相同，表示輸入的身分證字號是正確的。

學習目標

1. 能夠定義函式積木。
2. 設計詢問使用者輸入資料並添加到清單。
3. 能夠應用字串讀取清單中的資料。
4. 能夠應用運算積木計算身分證的驗證碼。

6-1 身分證驗證機腳本規劃

　　國人的身分證是由 1 個英文字加 9 個數字組成，總共有十碼。您知道「身分證的最後一個數字」有什麼功能嗎？它是驗證碼，用來判斷使用者輸入的身分證字號是否正確。

　　在程式開始點擊綠旗時，詢問並輸入使用者的身分證字號、說出輸入的身分證字號、計算最後一個驗證碼的數字，確認驗證碼與使用者輸入的身分證字號的最後一個數字是否相同。如果相同，表示輸入的身分證字號是正確的。

舞台	角色	動畫情境
背景自訂	Sasha 或自訂	1. 當綠旗被點擊時，詢問並輸入使用者的身分證字號。 2. 說出輸入的身分證字號。 3. 計算最後一個驗證碼的數字。 4. 確認驗證碼與使用者輸入的身分證字號的最後一個數字是否相同。如果相同，表示輸入的身分證字號是正確的。

6-2 身分證驗證機流程設計

身分證驗證機程式的執行流程如下圖所示。

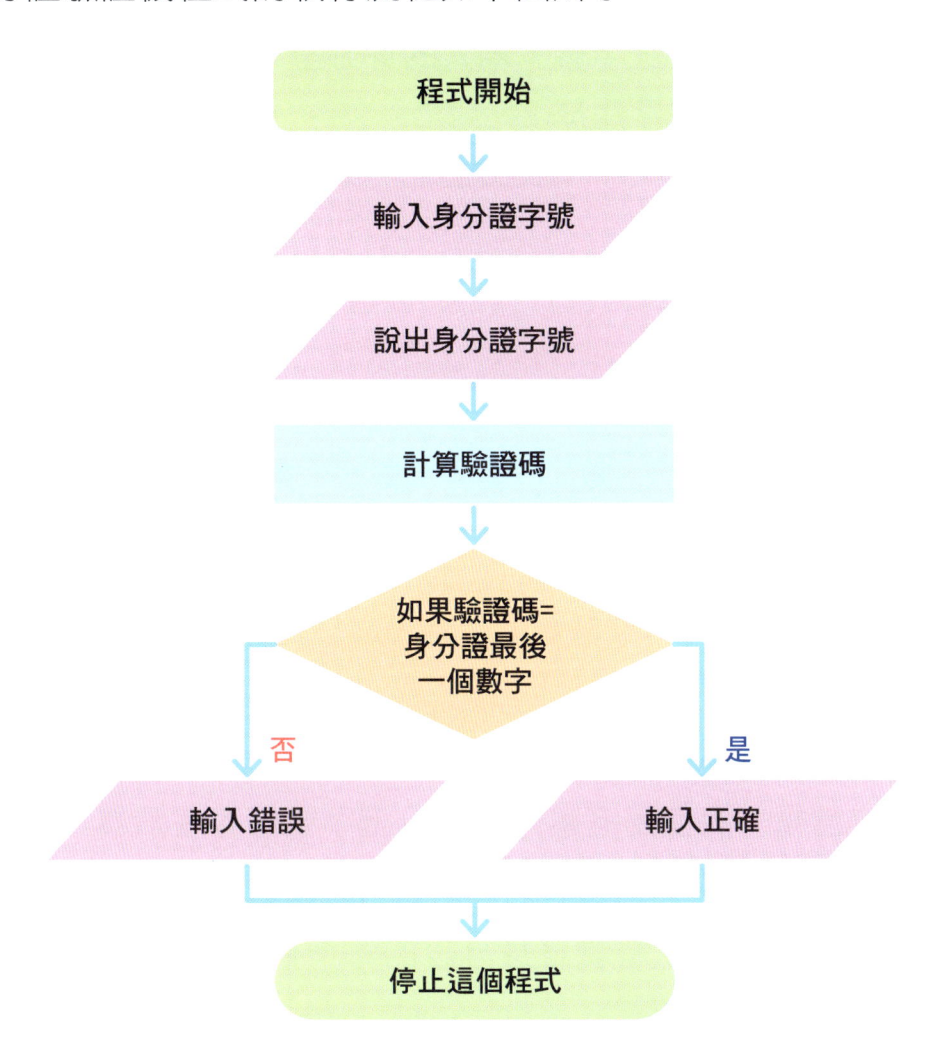

```
程式開始
   ↓
輸入身分證字號
   ↓
說出身分證字號
   ↓
計算驗證碼
   ↓
如果驗證碼=身分證最後一個數字
   否↙         ↘是
輸入錯誤      輸入正確
      ↘   ↙
    停止這個程式
```

6-3 輸入並說出身分證字號

目標 在程式開始點擊綠旗時，詢問並輸入使用者的身分證字號，說出輸入的身分證字號。輸入的身分證字號格式如下，由 1 個英文字與 9 個數字組成。

其中第 1 個英文字代表出生地，第 1 個數字代表性別，第 9 個數字則是驗證碼。

❋ 表 6-1　身分證各位數代表

A	1	2	3	4	5	6	7	8	9
↓	↓	↓	↓	↓	↓	↓	↓	↓	↓
英	數1	數2	數3	數4	數5	數6	數7	數8	數9
↓	↓								↓
代表出生地	代表性別 1. 男性 2. 女性								驗證碼

分析
1. 詢問並輸入使用者的身分證字號。
2. 建立清單，將使用者輸入的身分證字號儲存在清單。
3. 從清單中取出身分證字號，並說出身分證字號。

解析
1. 利用函式積木，將驗證身分證的每一個步驟以建立積木的方式定義。

2. 利用 [偵測] 的 [詢問 What's your name? 並等待]，讓角色詢問使用者，並輸入身分證字號。

3. 在 [偵測] 的 [詢問的答案]，能夠暫存使用者輸入的身分證字號，再利用 [變數] 清單的 [添加 詢問的答案 到 ID]，將身分證字號寫入清單中。

chapter 6 身分證驗證機

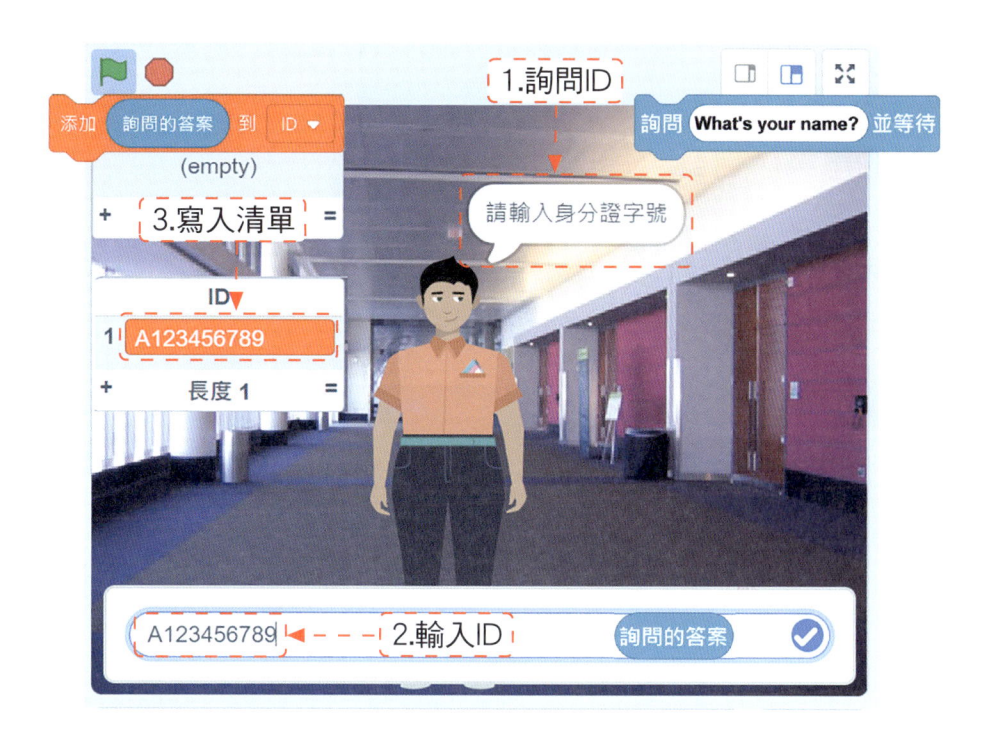

4. 利用 外觀 的 說出 Hello! 持續 2 秒 積木，說出 Hello!。說出的身分證字號內容，再以 變數 的清單的 ID 的第 1 項 ，從身分證字號清單內讀取資料。

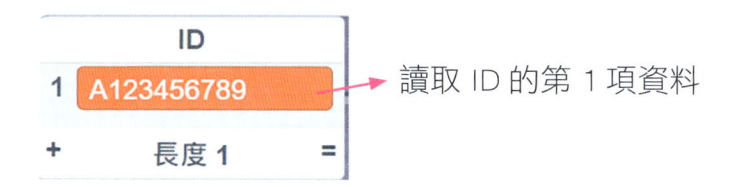

→ 讀取 ID 的第 1 項資料

5. 利用 運算 的 字串組合 apple banana 將文字「輸入的身分證字號是」與輸入的數字「身分證字號」組合。

步驟

1 請開啟新的專案,自訂角色與舞台背景。

2 點選 **函式積木**,按 **建立一個積木**,輸入【輸入身分證字號】,再按【確定】。定義「使用者輸入身分證字號」的程式。

3 點選 **變數**,按 **建立一個清單**,輸入【ID】(身分證字號),再按【確定】。建立身分證清單,儲存使用者輸入的身分證字號。

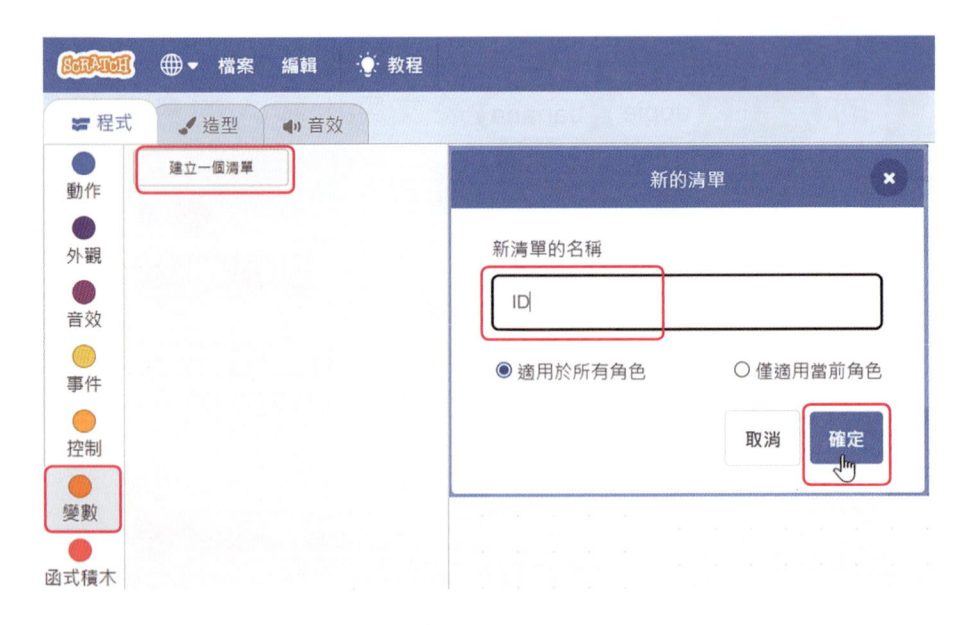

chapter 6 身分證驗證機

4 按 ⬤偵測，拖曳積木，輸入【請輸入身分證字號】。詢問並輸入使用者的身分證字號，將輸入的身分證字號添加到清單「ID」。

5 點選 ⬤函式積木，按 **建立一個積木**，輸入【說出身分證字號】，定義「說出使用者輸入的身分證字號」的程式。

6 點選 ⬤外觀、⬤運算 與 ⬤變數，拖曳積木，從身分證字號清單（ID）中讀取第 1 項資料，說出：「輸入的身分證字號是 ID」。

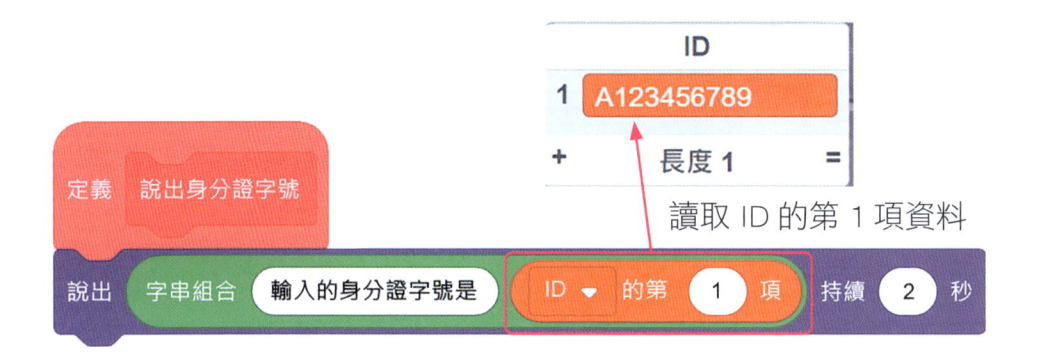

讀取 ID 的第 1 項資料

7 點選 ⬤事件，拖曳積木，程式開始執行時，先刪除清單所有資料，再詢問並輸入使用者的身分證字號、說出輸入的身分證字號。

執行步驟 4 與 6 定義的函式積木。

6-4 計算驗證碼

計算驗證碼有三個步驟，首先將第 1 個英文字轉換成數字，再計算每個數字乘以權數的總和，最後再計算驗證碼。

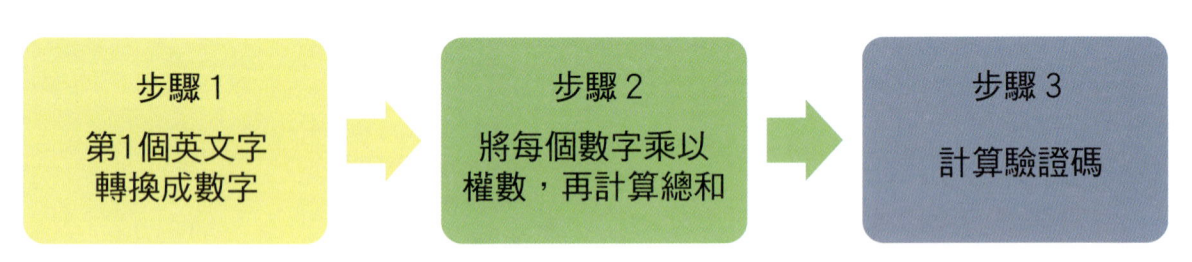

| 步驟1
第1個英文字
轉換成數字 | ➡ | 步驟2
將每個數字乘以
權數，再計算總和 | ➡ | 步驟3
計算驗證碼 |

一 第 1 個英文字轉換數字

目標 當使用者輸入身分證字號時，第 1 個英文字代表出生地，每個英文字的出生地如下表所示。計算驗證碼時，首先將第 1 個英文字轉換成 2 個數字。例如將「A」轉換成「1」與「0」兩個數字。

chapter 6 身分證驗證機

✽ 表 6-2　身分證英文代表的 2 個數字與出生地

字母	數字1	數字2	出生地	字母	數字1	數字2	出生地
A	1	0	臺北市	P	2	3	雲林縣
B	1	1	臺中市	Q	2	4	嘉義縣
C	1	2	基隆市	R	2	5	臺南縣
D	1	3	臺南市	S	2	6	高雄縣
E	1	4	高雄市	T	2	7	屏東縣
F	1	5	新北市	U	2	8	花蓮縣
G	1	6	宜蘭縣	V	2	9	臺東縣
H	1	7	桃園縣	X	3	0	澎湖縣
J	1	8	新竹縣	Y	3	1	陽明山
K	1	9	苗栗縣	W	3	2	金門縣
L	2	0	臺中縣	Z	3	3	連江縣
M	2	1	南投縣	I	3	4	嘉義市
N	2	2	彰化縣	O	3	5	新竹市

分析 判斷清單的第 1 項內容是否包含大寫英文或小寫英文。

解析 1. 利用 控制 的 如果 那麼 ，判斷身分證字號是否包含英文字。

2. 利用 運算 的 字串 apple 包含 a ？ ，判斷清單內的資料項是否包含大寫英文或小寫英文。

3. 利用 變數，設定變數值「英轉數 1」與「英轉數 2」，將英文字轉換為兩個數字。

步驟

1. 點選 **函式積木**，按 **建立一個積木**，輸入【第 1 個英文轉數字】，定義「A～Z 的每個英文字轉成 2 個數字」。

2. 點選 **控制** 與 **運算**，拖曳積木，判斷使用者輸入的英文字是大寫或小寫。

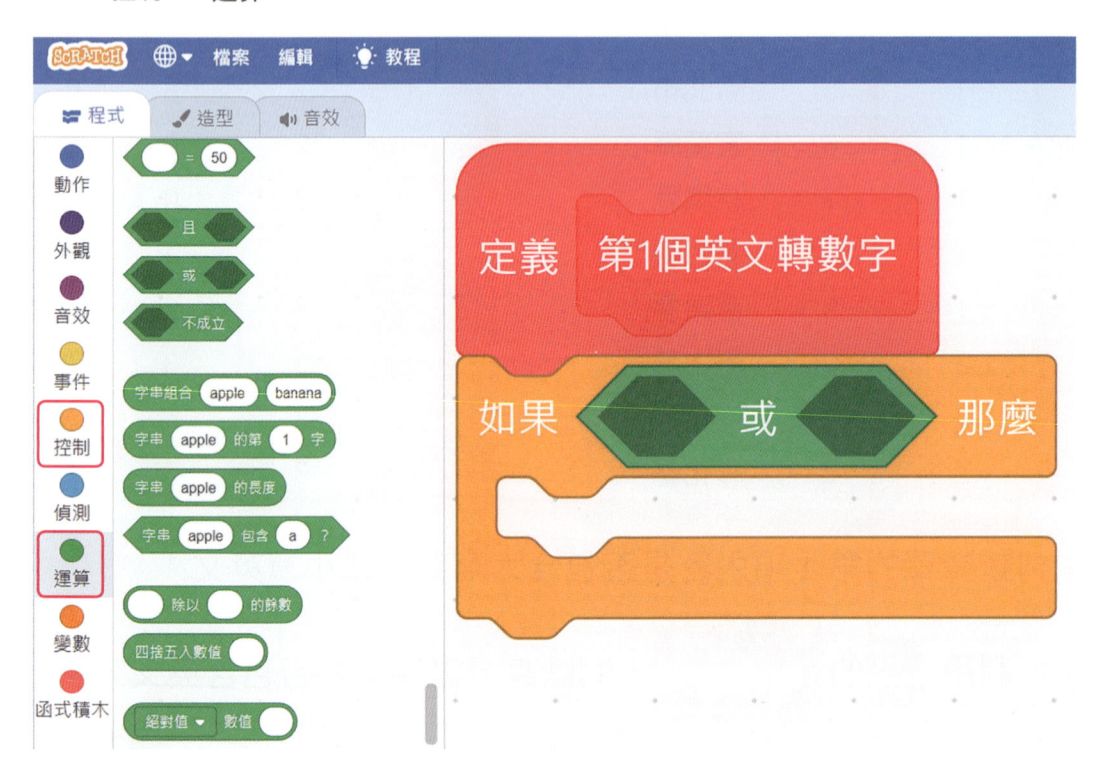

3. 點選 **運算** 與 **變數**，拖曳積木，判斷清單第 1 個身分證字號（ID）的資料項，其中是否包含大寫「A」或小寫「a」。

chapter 6 身分證驗證機

4 點選 **變數**，**建立一個變數**，分別輸入【英轉數1】與【英轉數2】，再依據表 6-2 設定變數值，分別為【1】、【0】。

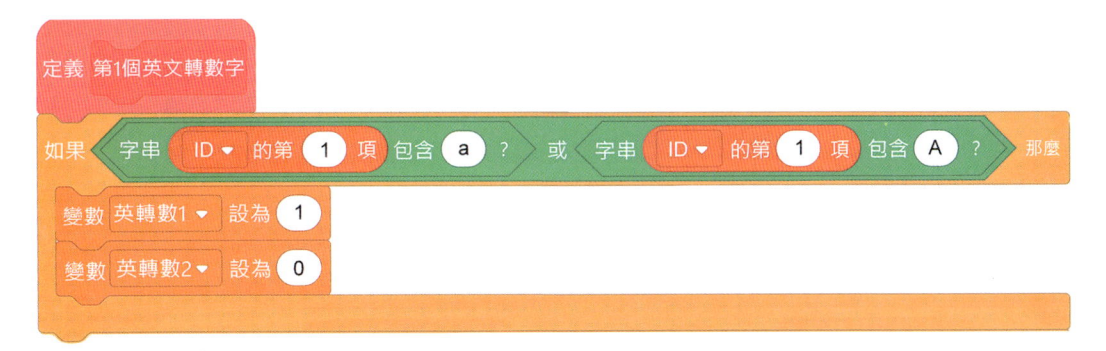

```
定義 第1個英文轉數字
    如果 〈 字串 ID▼ 的第 1 項 包含 a ? 〉 或 〈 字串 ID▼ 的第 1 項 包含 A ? 〉 那麼
        變數 英轉數1▼ 設為 1
        變數 英轉數2▼ 設為 0
```

5 重複上述步驟，依照表 6-2，分別設定 A～Z 的【英轉數1】與【英轉數2】變數值。

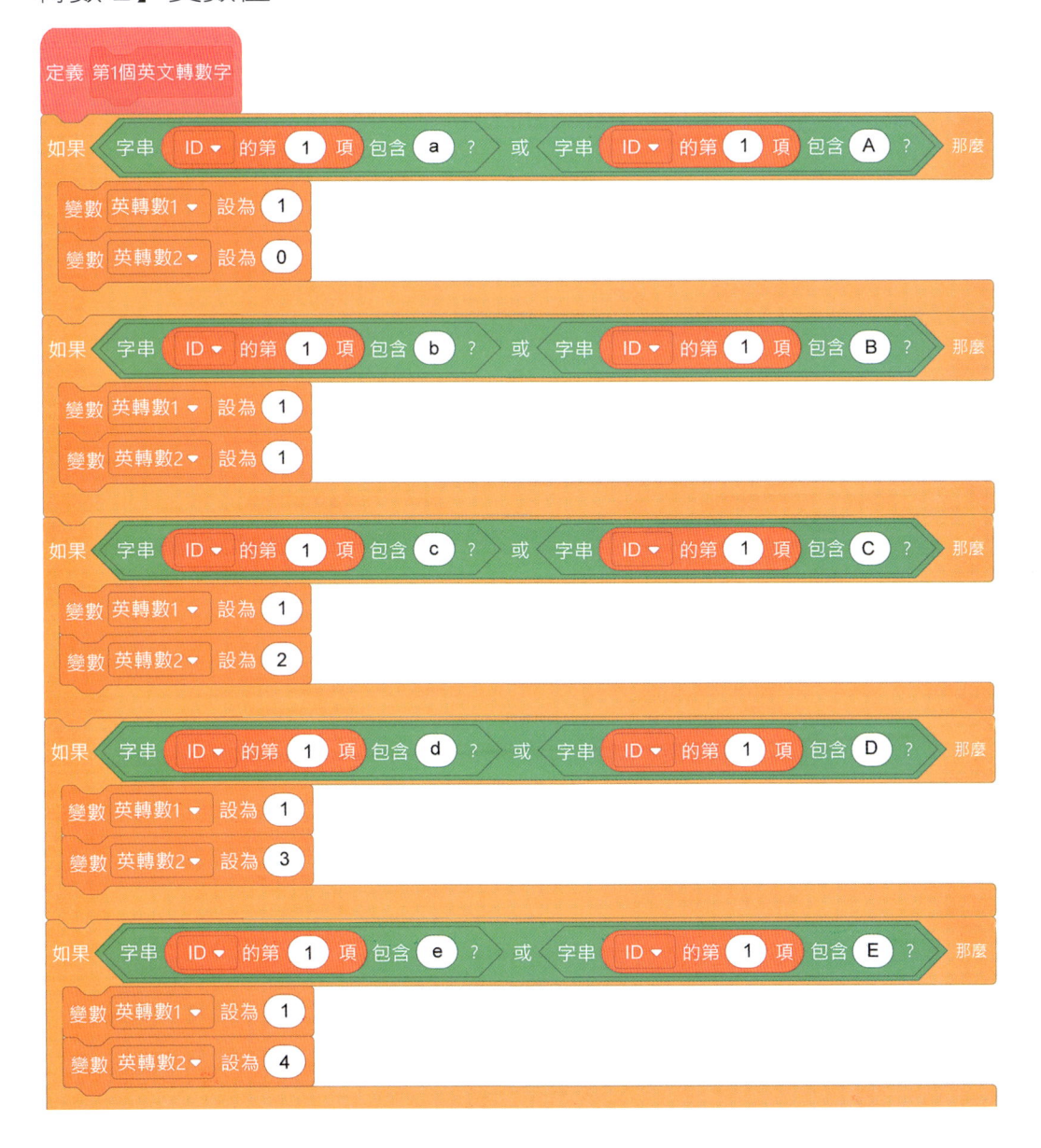

```
定義 第1個英文轉數字
    如果 〈 字串 ID▼ 的第 1 項 包含 a ? 〉 或 〈 字串 ID▼ 的第 1 項 包含 A ? 〉 那麼
        變數 英轉數1▼ 設為 1
        變數 英轉數2▼ 設為 0

    如果 〈 字串 ID▼ 的第 1 項 包含 b ? 〉 或 〈 字串 ID▼ 的第 1 項 包含 B ? 〉 那麼
        變數 英轉數1▼ 設為 1
        變數 英轉數2▼ 設為 1

    如果 〈 字串 ID▼ 的第 1 項 包含 c ? 〉 或 〈 字串 ID▼ 的第 1 項 包含 C ? 〉 那麼
        變數 英轉數1▼ 設為 1
        變數 英轉數2▼ 設為 2

    如果 〈 字串 ID▼ 的第 1 項 包含 d ? 〉 或 〈 字串 ID▼ 的第 1 項 包含 D ? 〉 那麼
        變數 英轉數1▼ 設為 1
        變數 英轉數2▼ 設為 3

    如果 〈 字串 ID▼ 的第 1 項 包含 e ? 〉 或 〈 字串 ID▼ 的第 1 項 包含 E ? 〉 那麼
        變數 英轉數1▼ 設為 1
        變數 英轉數2▼ 設為 4
```

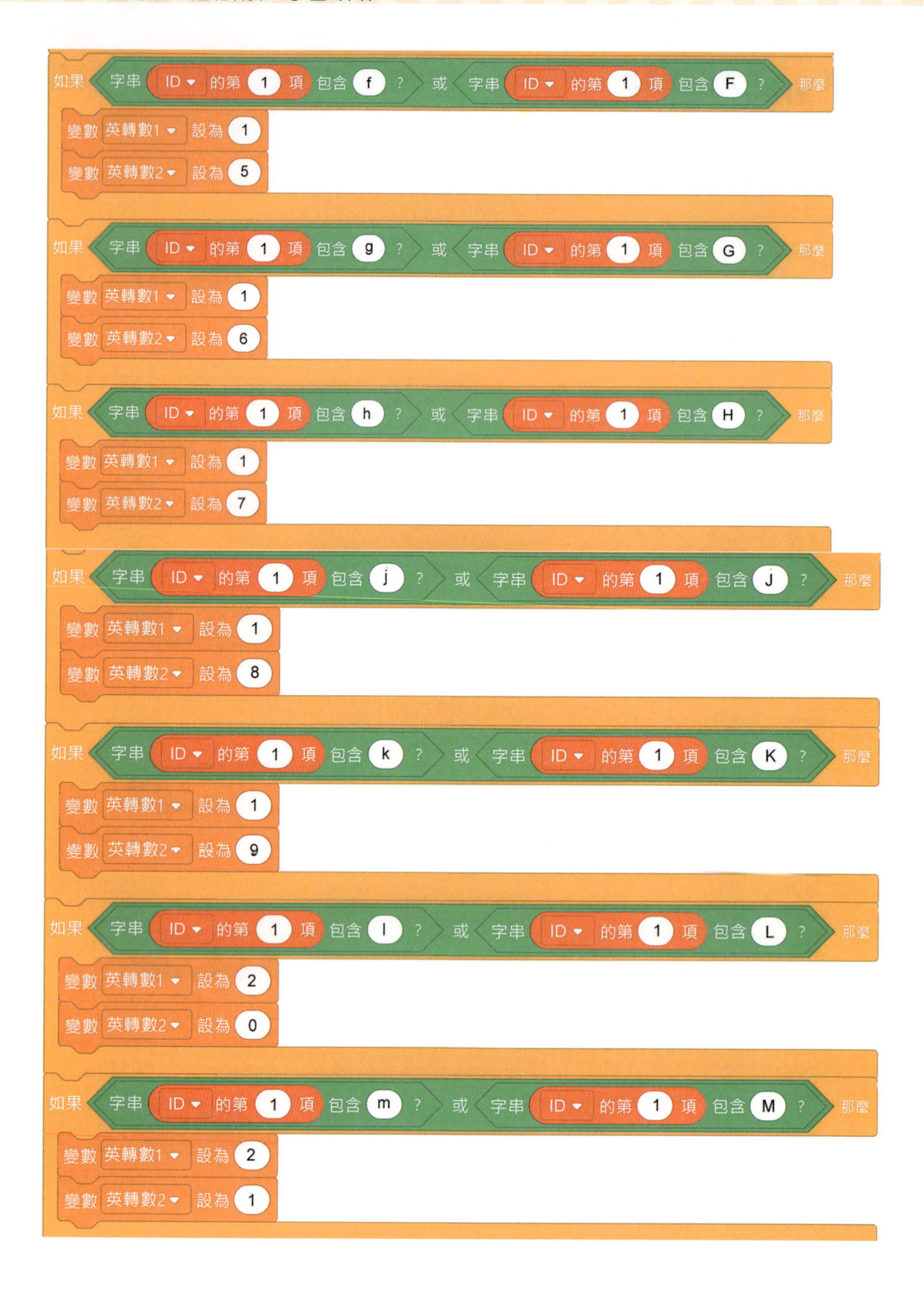

如果 〈字串 ID▼ 的第 1 項 包含 f ?〉 或 〈字串 ID▼ 的第 1 項 包含 F ?〉 那麼
　變數 英轉數1▼ 設為 1
　變數 英轉數2▼ 設為 5

如果 〈字串 ID▼ 的第 1 項 包含 g ?〉 或 〈字串 ID▼ 的第 1 項 包含 G ?〉 那麼
　變數 英轉數1▼ 設為 1
　變數 英轉數2▼ 設為 6

如果 〈字串 ID▼ 的第 1 項 包含 h ?〉 或 〈字串 ID▼ 的第 1 項 包含 H ?〉 那麼
　變數 英轉數1▼ 設為 1
　變數 英轉數2▼ 設為 7

如果 〈字串 ID▼ 的第 1 項 包含 j ?〉 或 〈字串 ID▼ 的第 1 項 包含 J ?〉 那麼
　變數 英轉數1▼ 設為 1
　變數 英轉數2▼ 設為 8

如果 〈字串 ID▼ 的第 1 項 包含 k ?〉 或 〈字串 ID▼ 的第 1 項 包含 K ?〉 那麼
　變數 英轉數1▼ 設為 1
　變數 英轉數2▼ 設為 9

如果 〈字串 ID▼ 的第 1 項 包含 l ?〉 或 〈字串 ID▼ 的第 1 項 包含 L ?〉 那麼
　變數 英轉數1▼ 設為 2
　變數 英轉數2▼ 設為 0

如果 〈字串 ID▼ 的第 1 項 包含 m ?〉 或 〈字串 ID▼ 的第 1 項 包含 M ?〉 那麼
　變數 英轉數1▼ 設為 2
　變數 英轉數2▼ 設為 1

chapter 6 身分證驗證機

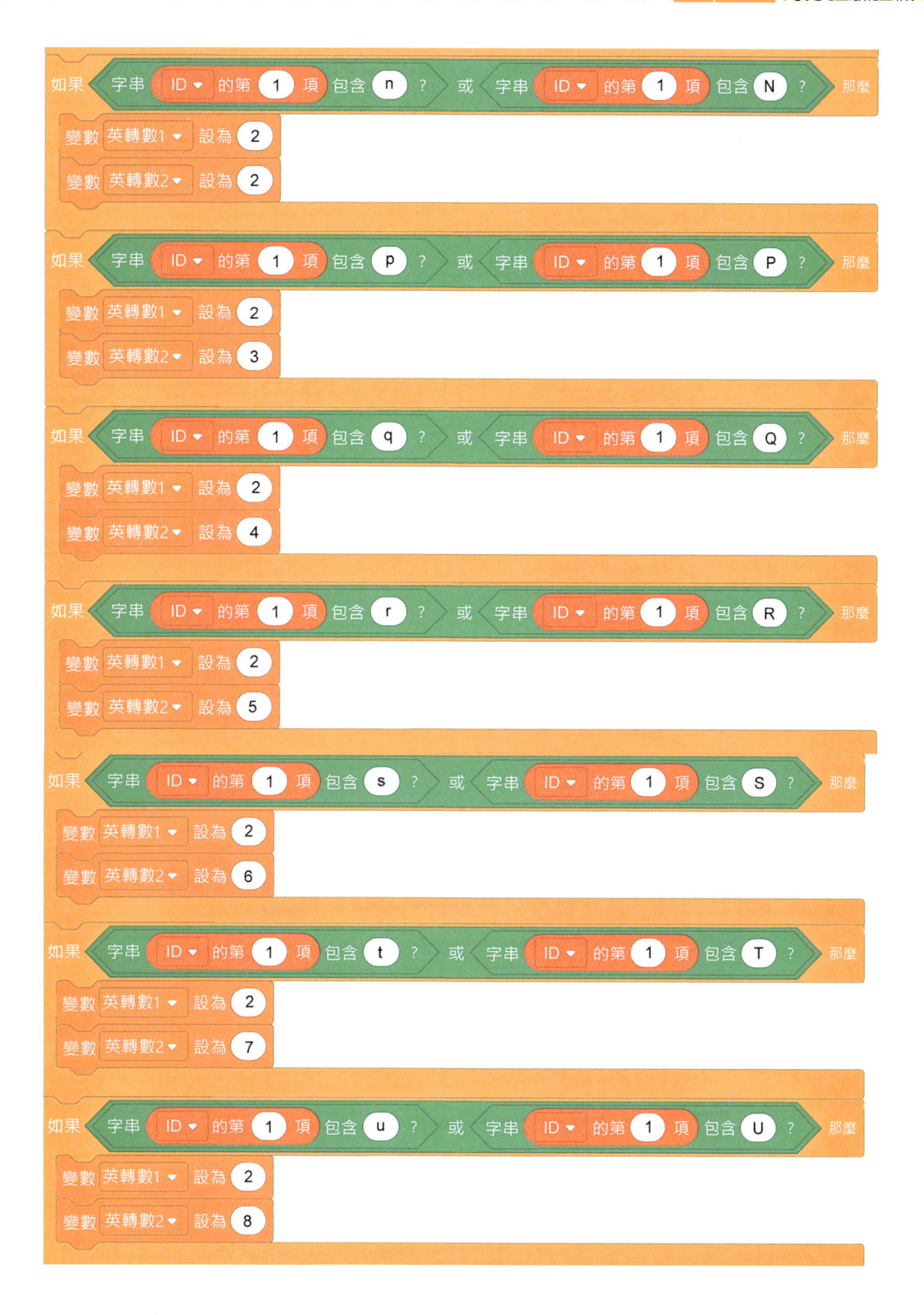

如果 〈字串 ID▼ 的第 1 項 包含 n ?〉 或 〈字串 ID▼ 的第 1 項 包含 N ?〉 那麼
　變數 英轉數1▼ 設為 2
　變數 英轉數2▼ 設為 2

如果 〈字串 ID▼ 的第 1 項 包含 p ?〉 或 〈字串 ID▼ 的第 1 項 包含 P ?〉 那麼
　變數 英轉數1▼ 設為 2
　變數 英轉數2▼ 設為 3

如果 〈字串 ID▼ 的第 1 項 包含 q ?〉 或 〈字串 ID▼ 的第 1 項 包含 Q ?〉 那麼
　變數 英轉數1▼ 設為 2
　變數 英轉數2▼ 設為 4

如果 〈字串 ID▼ 的第 1 項 包含 r ?〉 或 〈字串 ID▼ 的第 1 項 包含 R ?〉 那麼
　變數 英轉數1▼ 設為 2
　變數 英轉數2▼ 設為 5

如果 〈字串 ID▼ 的第 1 項 包含 s ?〉 或 〈字串 ID▼ 的第 1 項 包含 S ?〉 那麼
　變數 英轉數1▼ 設為 2
　變數 英轉數2▼ 設為 6

如果 〈字串 ID▼ 的第 1 項 包含 t ?〉 或 〈字串 ID▼ 的第 1 項 包含 T ?〉 那麼
　變數 英轉數1▼ 設為 2
　變數 英轉數2▼ 設為 7

如果 〈字串 ID▼ 的第 1 項 包含 u ?〉 或 〈字串 ID▼ 的第 1 項 包含 U ?〉 那麼
　變數 英轉數1▼ 設為 2
　變數 英轉數2▼ 設為 8

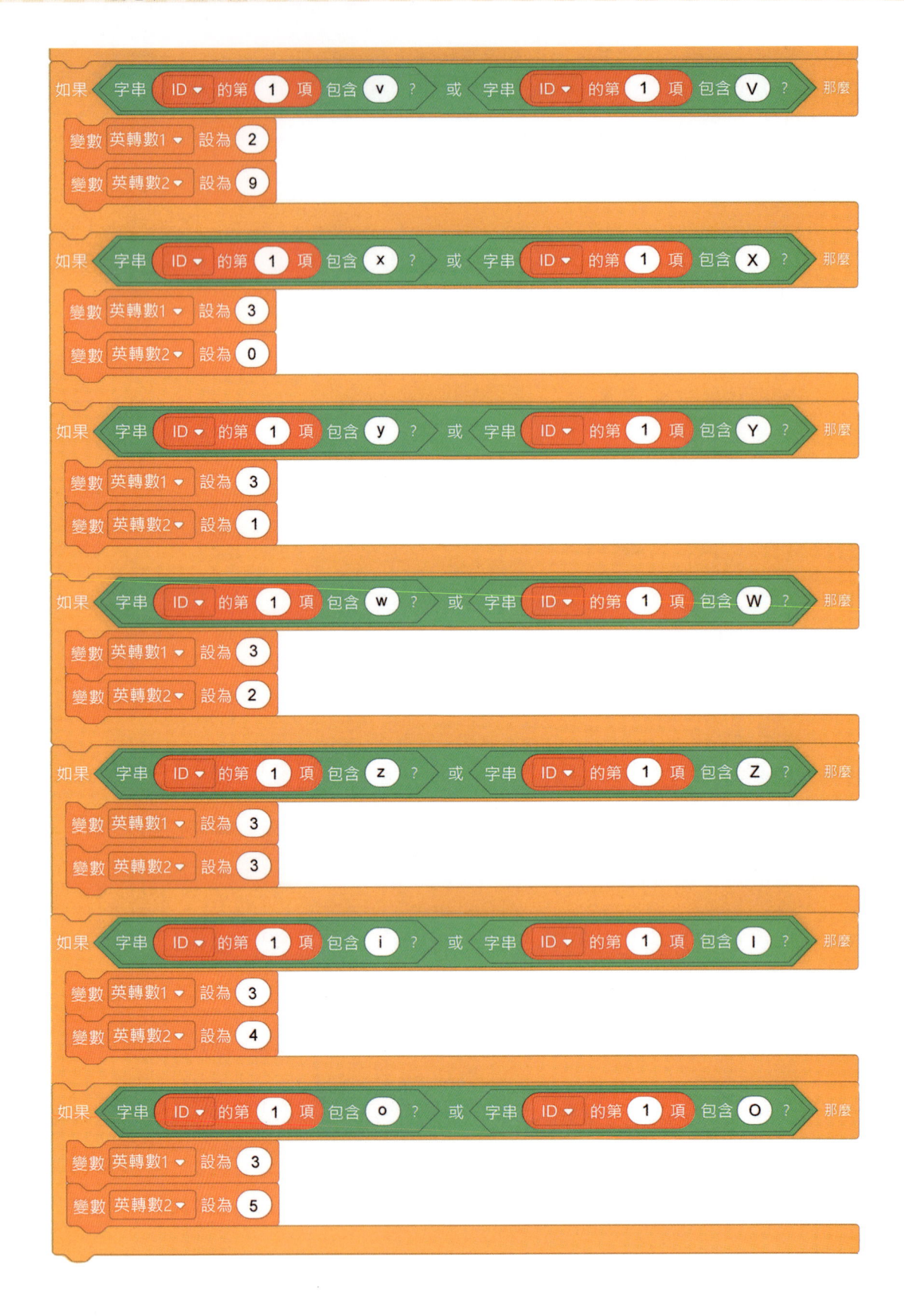

如果 字串 ID▼ 的第 1 項 包含 v ? 或 字串 ID▼ 的第 1 項 包含 V ? 那麼
　變數 英轉數1▼ 設為 2
　變數 英轉數2▼ 設為 9

如果 字串 ID▼ 的第 1 項 包含 x ? 或 字串 ID▼ 的第 1 項 包含 X ? 那麼
　變數 英轉數1▼ 設為 3
　變數 英轉數2▼ 設為 0

如果 字串 ID▼ 的第 1 項 包含 y ? 或 字串 ID▼ 的第 1 項 包含 Y ? 那麼
　變數 英轉數1▼ 設為 3
　變數 英轉數2▼ 設為 1

如果 字串 ID▼ 的第 1 項 包含 w ? 或 字串 ID▼ 的第 1 項 包含 W ? 那麼
　變數 英轉數1▼ 設為 3
　變數 英轉數2▼ 設為 2

如果 字串 ID▼ 的第 1 項 包含 z ? 或 字串 ID▼ 的第 1 項 包含 Z ? 那麼
　變數 英轉數1▼ 設為 3
　變數 英轉數2▼ 設為 3

如果 字串 ID▼ 的第 1 項 包含 i ? 或 字串 ID▼ 的第 1 項 包含 I ? 那麼
　變數 英轉數1▼ 設為 3
　變數 英轉數2▼ 設為 4

如果 字串 ID▼ 的第 1 項 包含 o ? 或 字串 ID▼ 的第 1 項 包含 O ? 那麼
　變數 英轉數1▼ 設為 3
　變數 英轉數2▼ 設為 5

二 計算每個數乘以權數的總和

目標 第 1 個英文字轉換成 2 個數字之後，身分證字號變成 11 位數字。將每個數字乘以「1987654321」的權重，再計算總和。其中身分證字號最後一個數字是驗證碼，所以不列入計算。

分析
1. 將每個數字乘以「1987654321」權重。
2. 計算總和。

❉ 表 6-3　身分證每個數的權重

ID	A		1	2	3	4	5	6	7	8	9
	↓										
轉數字	1	0	1	2	3	4	5	6	7	8	9
乘	×	×	×	×	×	×	×	×	×	×	
權重	1	9	8	7	6	5	4	3	2	1	驗證碼
變數名稱	英轉數1	英轉數2	數1	數2	數3	數4	數5	數6	數7	數8	

英轉數1 ×1 + 英轉數2 ×9 + 數1 ×8 + 數2 ×7 + 數3 ×6 + 數4 ×5 + 數5 ×4 + 數6 ×3 + 數7 ×2 + 數8 ×1 ＝ 總和

解析
1. 利用 ◯運算 的 字串 apple 的第 1 字，從清單 ID 中取出每一個數。

例如：

① 清單（ID：1 A123456789，長度 1）

② ID 取出的值是「A123456789」。

③ 字串 ID 的第 2 字　ID 第 2 個字是「1」……依此類推。

ID 取出的值	A	1	2	3	4	5	6	7	8	9
字串 ID 的第 字 身分證取出的第 n 個字	1	2	3	4	5	6	7	8	9	10

2. 再利用 ◯*◯ 計算乘法，用 ◯+◯ 計算總和。

ID 取出的值	A	1	2	3	4	5	6	7	8	9
字串 ID 的第 字 ID 的第 n 個字	1	2	3	4	5	6	7	8	9	10
字串 ID 的第 字 * 8 ID 取出的字 × 權重		8	7	6	5	4	3	2	1	

3. 建立變數「總和」，暫存每一個計算結果。

步驟

1 點選 **函式積木**，按 **建立一個積木**，輸入【計算總和】，計算每個數字乘以權重的總和。

2 點選 **變數**，建立 3 個變數，包括「英轉數 1」、「英轉數 2」與「總和」。

3 拖曳積木，設定變數「總和」為每個數字乘以權重的加總。

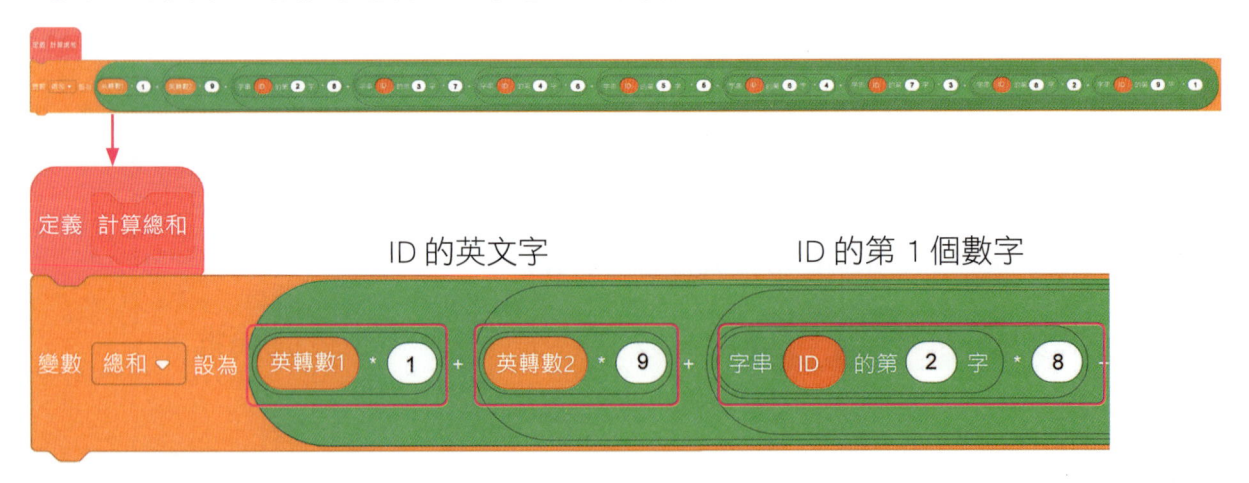

定義 計算總和

ID 的英文字　　　　　ID 的第 1 個數字

變數 總和 ▼ 設為 英轉數1 * 1 + 英轉數2 * 9 + 字串 ID 的第 2 字 * 8

ID 的第 2 個數字　　　　ID 的第 3 個數字　　　　ID 的第 4 個數字

字串 ID 的第 3 字 * 7 ＋ 字串 ID 的第 4 字 * 6 ＋ 字串 ID 的第 5 字 * 5 ＋

ID 的第 5 個數字　　　　ID 的第 6 個數字　　　　ID 的第 7 個數字

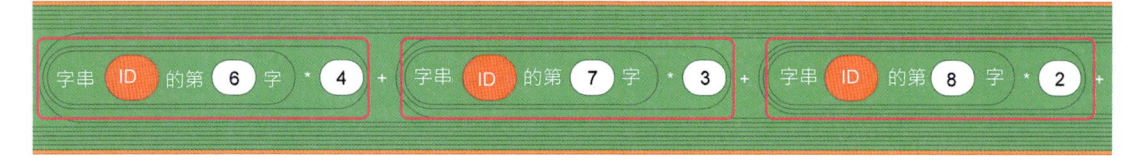

字串 ID 的第 6 字 * 4 ＋ 字串 ID 的第 7 字 * 3 ＋ 字串 ID 的第 8 字 * 2 ＋

ID 的第 8 個數字

字串 ID 的第 9 字 * 1

三 計算驗證碼

目標 將每個數字乘以權重的總和除以 10，得到餘數。再以 10 減去餘數，結果就是驗證碼。

$$總和 \div 10 \text{ 求 } 餘數$$

$$10 - 餘數 = 驗證碼$$

分析 1. 總和除以 10，求餘數。

2. 將 10 減去餘數。

解析 1. 利用 ●運算● 的 ◯ 除以 ◯ 的餘數，計算兩數相除的餘數。

2. 利用 ◯ - ◯ 計算 10 減餘數。

3. 再建立變數「驗證碼」，暫存每一個計算的驗證碼。

步驟

1. 點選 **函式積木**，按 **建立一個積木**，輸入【計算驗證碼】。

2. 點選 **變數**，建立一個變數，輸入【驗證碼】。

3. 拖曳下圖積木，將變數「驗證碼」設定為總和除以 10 的餘數，以及用 10 減去餘數。

4. 如果驗證碼為 10，重新將驗證碼重設為 0。

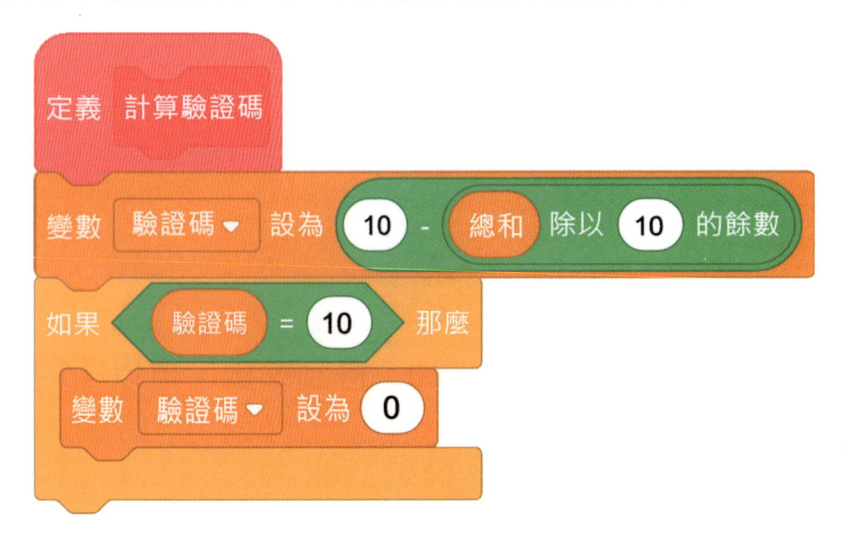

```
定義 計算驗證碼
變數 驗證碼 ▼ 設為 ( 10 - 總和 除以 10 的餘數 )
如果 < 驗證碼 = 10 > 那麼
    變數 驗證碼 ▼ 設為 0
```

劃重點

如果總和除以 10 的餘數為 0 時，驗證碼為 10，但驗證碼只有一位，因此重新設定為 0。

6-5 判斷輸入身分證是否正確

目標 判斷計算結果的驗證碼與使用者輸入的身分證字號的最後一個數字是否相同。如果相同，表示輸入的身分證字號是正確的。

分析
1. 比較「計算結果的驗證碼」與「使用者輸入的最後一個數字」。
2. 如果相同，表示身分證字號是正確的。
3. 否則就是身分證字號輸入錯誤。

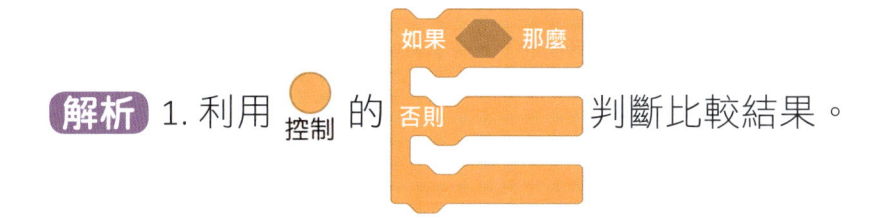

chapter 6 身分證驗證機

解析 1. 利用 **控制** 的 `如果 ◇ 那麼 / 否則` 判斷比較結果。

2. 利用清單 `ID` 傳回身分證字號的數字。

3. 利用 **運算** 的 `字串 apple 的第 1 字`，從身分證字號清單中取出最後一個數字。

4. 利用 `◯ = 50` 比較變數「驗證碼」與「身分證字號清單中取出的最後一個數字」是否相同。

5. 利用 **外觀** 的 `說出 Hello! 持續 2 秒`，說出比較的結果。

步驟

1 點選 **函式積木**，按 **建立一個積木**，輸入【判斷驗證碼】。

2 點選 **變數**、**控制** 與 **運算**，判斷身分證字號（ID）的最後一個數字（第 10 個字）是否與驗證碼相同。如果相同，說出：「輸入正確」；否則說出「輸入錯誤」。

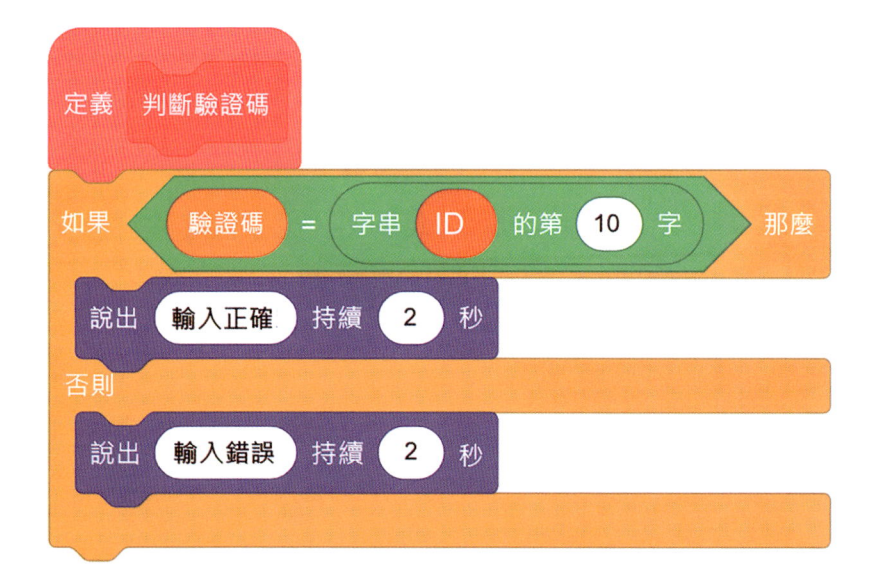

```
定義 判斷驗證碼
如果 〈驗證碼 = 字串 ID 的第 10 字〉 那麼
    說出 輸入正確 持續 2 秒
否則
    說出 輸入錯誤 持續 2 秒
```

111

3 按 事件，拖曳積木，點擊綠旗時，執行定義的函式積木。

```
當 ▶ 被點擊
刪除 ID ▼ 的所有項目
輸入身分證字號
說出身分證字號
第1個英文轉數字
計算總和
計算驗證碼
判斷驗證碼
```

4 按 ▶，開始輸入身分證字號，驗證身分證字號是否正確。

Chapter 6 課後習題

_____ 1. 右圖程式積木的敘述，何者錯誤？
　　　(A) 圖書目錄屬於清單資料
　　　(B) 圖書目錄屬於變數資料
　　　(C) 程式開始時刪除所有圖書
　　　　 目錄的項目
　　　(D) 按下空白鍵才能新增圖書
　　　　 目錄。

_____ 2. 如右圖，舞台顯示之「書名」與
　　　「圖書編號」的敘述，何者錯誤？
　　　(A) 書名總共有 4 項資料
　　　(B)「書名」屬於清單
　　　(C)「圖書編號」屬於變數
　　　(D)「書名」與「圖書編號」都
　　　　 屬於清單。

_____ 3. 如下圖，關於清單的程式積木之敘述，何者錯誤？

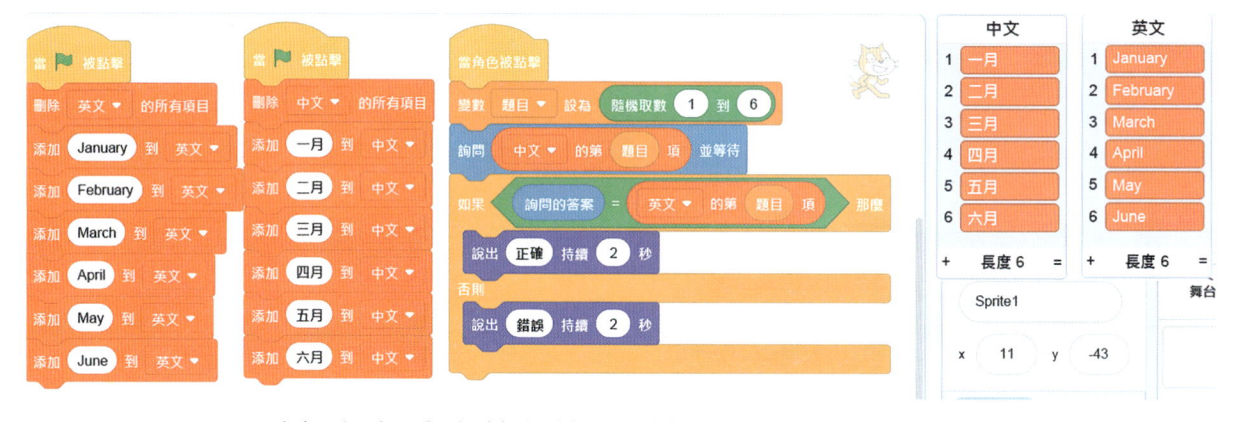

　　　(A) 點擊角色才會執行詢問並等待
　　　(B) 詢問英文清單的題目
　　　(C) 詢問中文清單的題目
　　　(D) 題目在 1～6 之間隨機選取。

_____ 4. 如下圖，當程式積木中的舞台顯示「a=4，b=3」時，角色說出的結果為何？

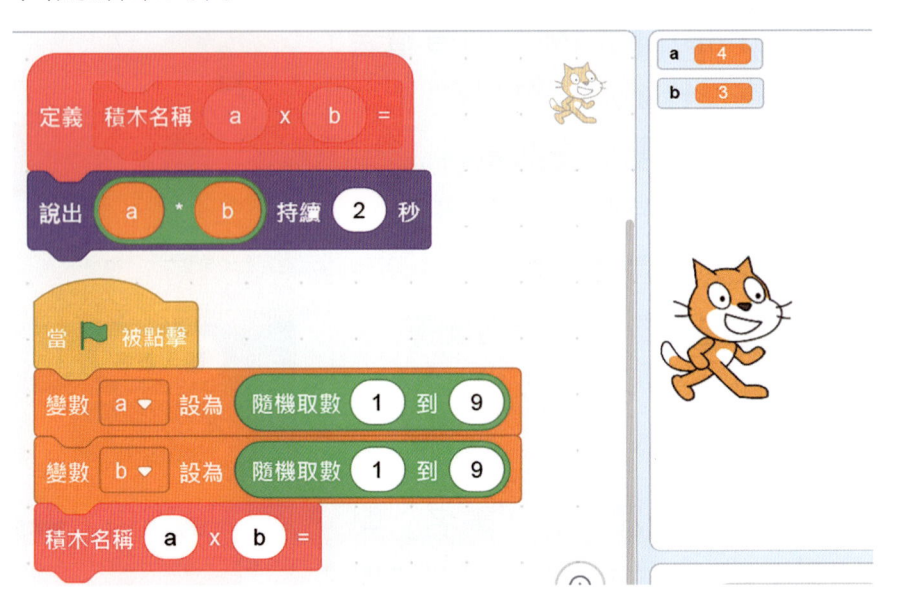

(A) a*b　(B) a×b　(C) 1～9　(D) 12。

_____ 5. 如下圖，關於程式積木與舞台清單的敘述，何者錯誤？

(A) 按下 b，角色說出第 1 筆圖書目錄的名稱為 a
(B) 按下 a，角色說出總共有 3 筆圖書目錄
(C) 按下 c，查詢圖書目錄的內容是否有「abc」
(D) 按下 c，角色說「abc」這本圖書目錄在清單的編號為 3。

Chapter 7 貓咪闖天關

　　本章將利用 Scratch 3 的事件與偵測積木，設計「貓咪闖天關」專題。Scratch 貓咪一的首要任務，就是運用最短的時間通過各種障礙，營救 Scratch 貓咪二。

　　程式開始執行時，顯示「首頁」遊戲說明，按下任意鍵時，切換背景「第一關」開始遊戲，當按下鍵盤上、下、左、右鍵時，貓咪一偵測淺藍色跟著鍵盤上、下、左、右移動，如果碰到檸檬綠色邊緣則無法移動。闖關過程，如果碰到「障礙」就扣生命值，而如果生命值用完，就切換「失敗」的背景。當貓咪一碰到另一隻貓咪二時，說出遊戲計時器的秒數，並切換「成功」的背景。

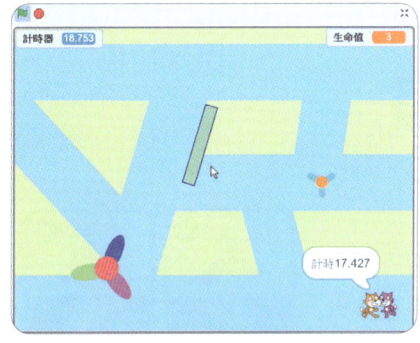

學習目標

1. 利用鍵盤控制角色面朝上、下、左、右方向移動。
2. 能夠設計背景啟動程式執行。
3. 能夠設計角色旋轉方式。
4. 能夠設計角色偵測顏色移動。
5. 能夠利用計時器計算遊戲時間。

7-1 貓咪闖天關腳本規劃

程式開始執行時,顯示「首頁」遊戲說明,按下任意鍵時,切換背景「第一關」開始遊戲,當按下鍵盤上、下、左、右鍵時,貓咪一偵測淺藍色跟著鍵盤上、下、左、右移動,如果碰到檸檬綠色邊緣則無法移動。闖關過程,如果碰到「障礙」就扣生命值,而如果生命值用完,就切換「失敗」的背景。當貓咪一碰到另一隻貓咪二時,說出遊戲計時器的秒數,並切換「成功」的背景。

舞台	角色	動畫情境
首頁 481 x 361 首頁	全部角色	1. 綠旗點一下,所有角色隱藏。 2. 將背景設定為「首頁」背景。 3. 等待,直到按下任意鍵。 4. 將背景切換到「第一關」背景。
關卡一 504 x 368 關卡一	障礙1、障礙2、障礙3 障礙1、2、3	1. 當背景切換為「第一關」。 2. 障礙1、2、3角色顯示。 3. 不停重複旋轉。
	貓咪一	1. 當背景切換為「第一關」。 2. 貓咪一顯示。 3. 當鍵盤按下「向上鍵」、「向下鍵」、「向左鍵」、「向右鍵」。 4. 貓咪一偵測「淺藍色」,向上、向下、向左、向右移動。 5. 如果貓咪一碰到邊緣「檸檬綠色」,無法移動。 6. 如果貓咪一碰到「障礙」,扣「生命值」。

chapter 7 貓咪闖天關

舞台	角色	動畫情境
成功 481 x 361 成功	貓咪二	1. 當貓咪一碰到貓咪二時。 2. 説出遊戲計時器的秒數。 3. 切換背景：「成功」。
失敗 480 x 360 失敗	貓咪一	1. 如果貓咪一的生命值 =0，遊戲結束。 2. 切換背景：「失敗」。

7-2 貓咪闖天關流程設計

貓咪闖天關程式執行流程如下圖所示。

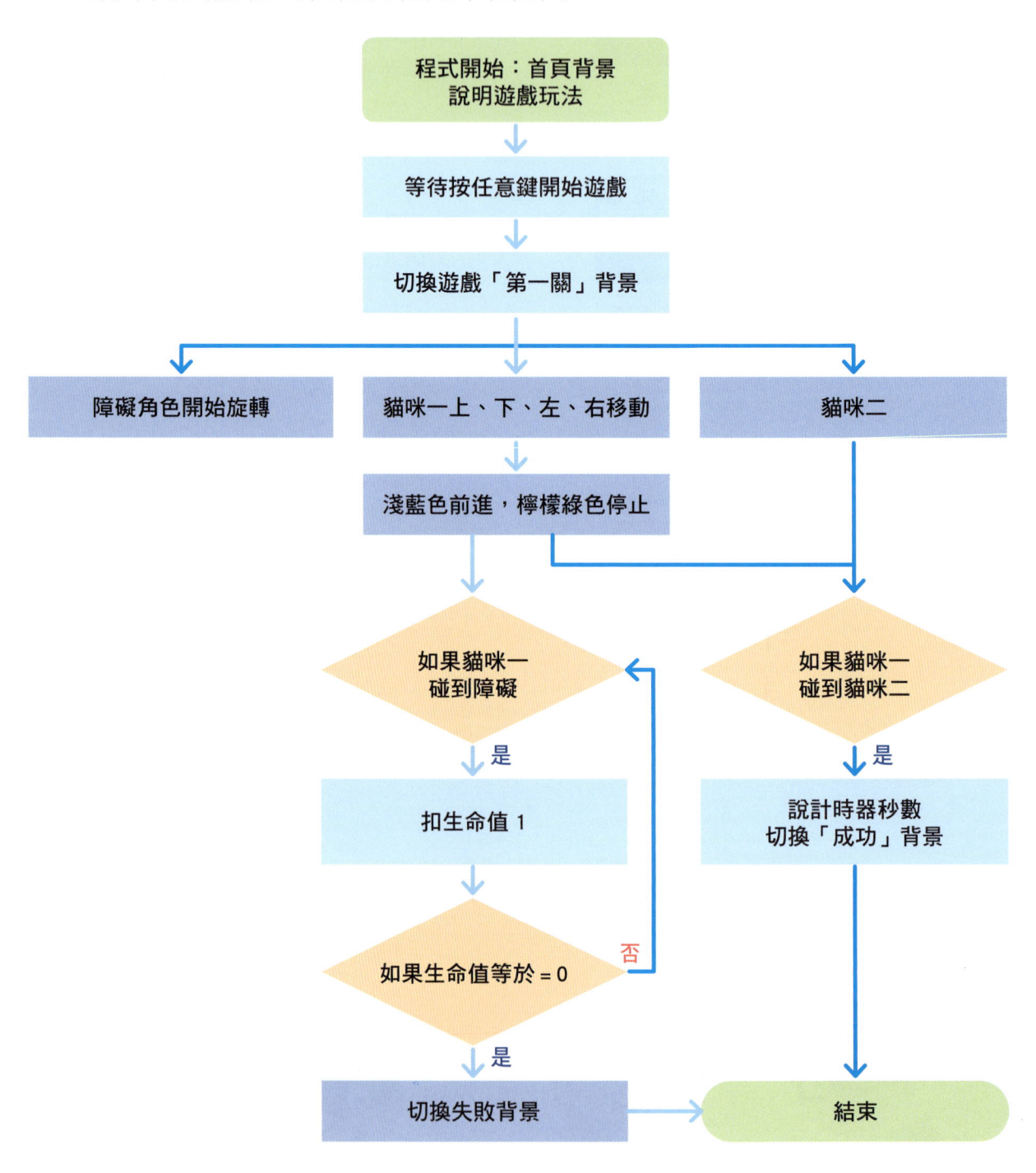

```
程式開始：首頁背景
說明遊戲玩法
    ↓
等待按任意鍵開始遊戲
    ↓
切換遊戲「第一關」背景
    ↓
 ┌──────────┼──────────┐
 ↓          ↓          ↓
障礙角色    貓咪一上、下、   貓咪二
開始旋轉    左、右移動
            ↓
         淺藍色前進，
         檸檬綠色停止
            ↓          ↓
      ◇如果貓咪一    ◇如果貓咪一
        碰到障礙       碰到貓咪二
            ↓是         ↓是
         扣生命值1    設計時器秒數
            ↓        切換「成功」背景
      ◇如果生命值
        等於=0  ──否──┐
            ↓是              
         切換失敗背景 → 結束
```

118

chapter 7 貓咪闖天關

7-3 切換背景與設定角色

程式開始執行時，顯示「首頁」遊戲說明、所有角色隱藏；按下任意鍵時，切換背景「第一關」，開始遊戲、所有角色顯示。

一 切換背景

1 新增 4 個背景，切換方式如下：

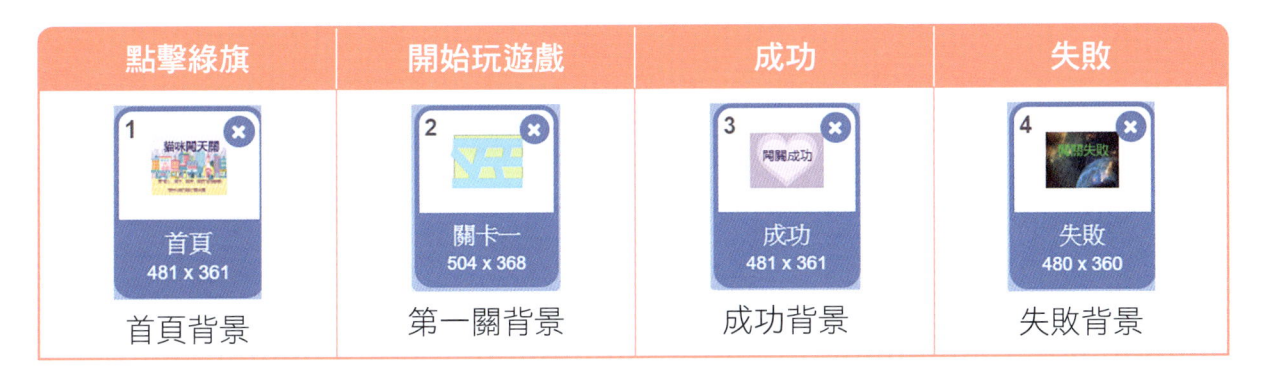

點擊綠旗	開始玩遊戲	成功	失敗
首頁 481 x 361	關卡一 504 x 368	成功 481 x 361	失敗 480 x 360
首頁背景	第一關背景	成功背景	失敗背景

①在舞台按 🖼 或 🔍【選個背景】，點選【Colorful City】（繽紛的城市）。

119

②按 【背景】，將背景名稱改為【首頁】。

③按 T ，選擇【填滿】（顏色）與【中文】字型，輸入【貓咪闖天關】與操作說明【按「向上、向下、向左、向右」箭頭移動】、【按任何鍵，開始闖天關】。

④按 【繪畫】，新增第二個背景，輸入【第一關】。

⑤按 口 【方形】，選擇【填滿顏色】，畫雙色貓咪前進的地圖。

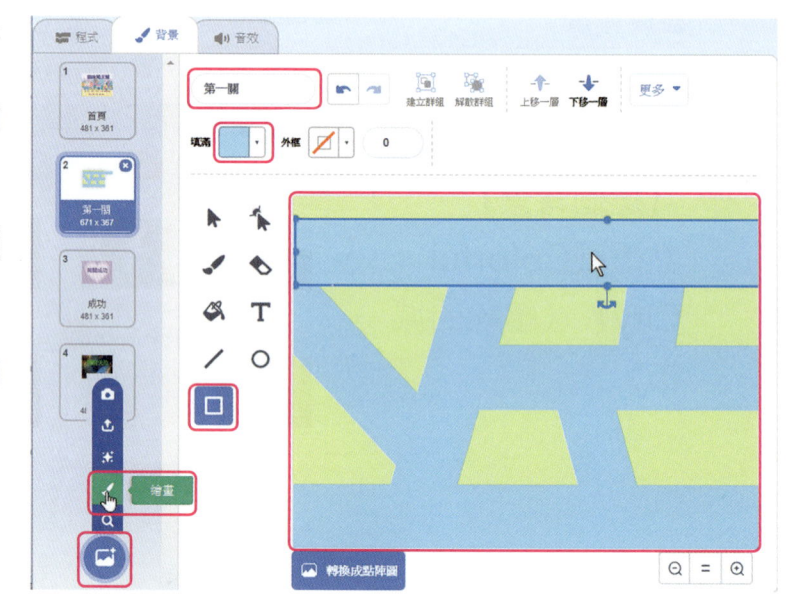

⑥重複步驟 1～5，新增「成功」的背景。

⑦重複步驟 1～5，新增「失敗」的背景。

2 程式設計「設定背景」：

① 按 程式，點選 事件，

拖曳 當▶被點擊 。

② 按 外觀，拖曳

背景換成 backdrop1▼ 。

③ 按 控制，拖曳 等待直到◆ 。

④ 按 偵測，拖 空白▼鍵被按下? ，

點選【任何】。

⑤ 再拖曳 背景換成 backdrop1▼ ，點選

【第一關】。

⑥ 點按 ▶ 執行結果

```
當 ▶ 被點擊
背景換成 首頁▼
等待直到 < 任何▼ 鍵被按下? >
背景換成 第一關▼
```

1. 點擊 ▶「首頁」背景	2. 按下任何鍵「第一關」背景

二 角色設定

程式開始時，所有角色隱藏，開始玩遊戲時角色再顯示。

點擊綠旗	開始玩遊戲：第一關背景
所有角色隱藏	所有角色顯示

1 新增角色：新增貓咪一、貓咪二、障礙1、障礙2與障礙3，共五個角色。

①點選角色1，輸入【貓咪一】。

②在「貓咪一」按右鍵，複製「貓咪二」角色。

③在「貓咪二」的【造型】，點選【選取】，選取貓咪二全部，按【橫向翻轉】（左右相反）。

④按【填滿】，設計貓咪二顏色及造型。

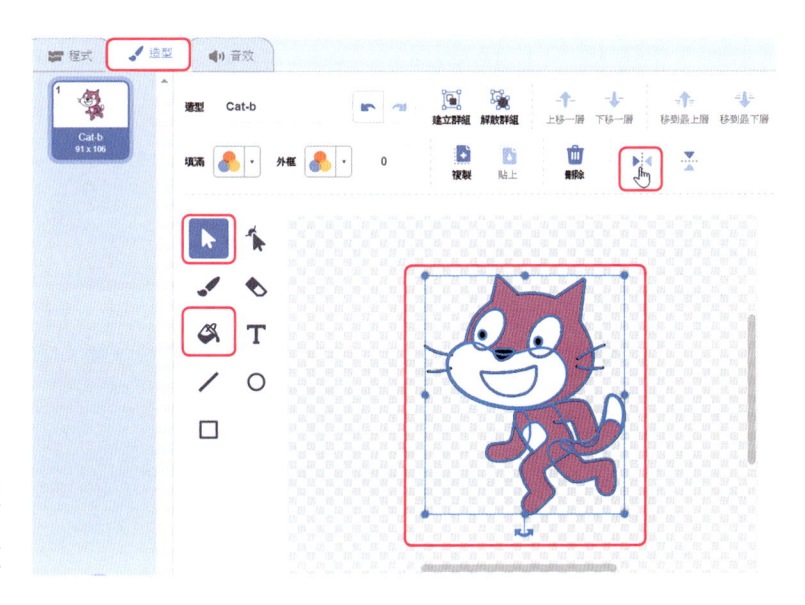

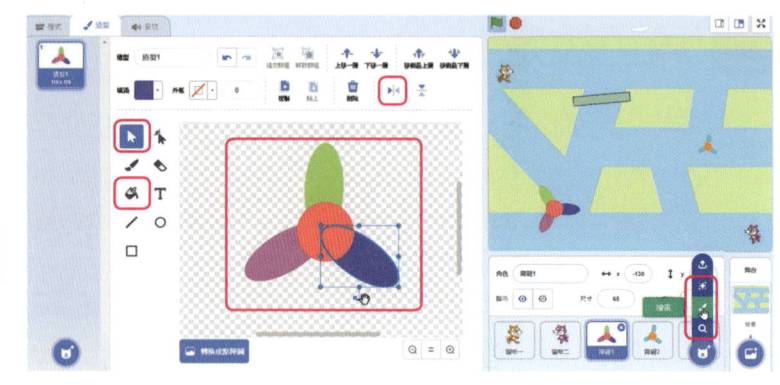

⑤再選個角色，點選 ✏️【繪畫】。

⑥在角色造型，按 ⭕【畫圓】，再按 ▶【選取】，拖曳橢圓形傾斜。

劃重點

繪圖時以 ⊕ 為角色的造型中心。

⑦重複步驟 5～6，新增【障礙 2】與【障礙 3】角色。

⑧調整角色名稱、尺寸與舞台的位置。

角色 障礙1　　x -130　y -107

尺寸 65　　方向 -136

chapter 7 貓咪闖天關

2 設計「角色顯示或隱藏」程式：

① 點選 【貓咪一】，

按 程式，點選 事件，拖曳

當 ▶ 被點擊 。

② 按 外觀，拖曳 隱藏 。

③ 拖曳 當背景換成 第一關 ▼ 與 顯示 。

④ 重複步驟 1～3，拖曳相同積木到所有角色。

⑤ 點擊 ▶，執行結果如下：

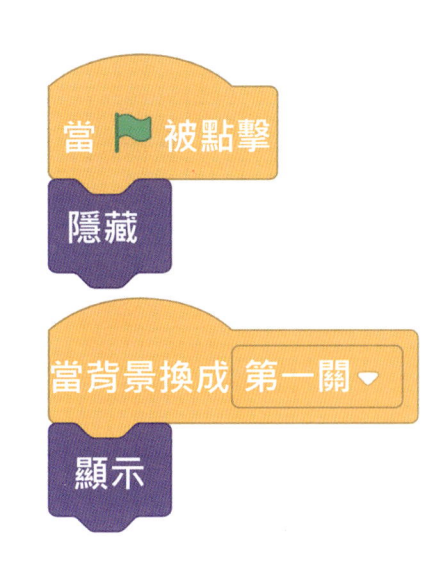

1. 點擊 ▶，所有角色隱藏	2. 按下任何鍵，切換「第一關」背景，所有角色顯示

125

Scratch3.0 創意程式設計融入學習領域

7-4 障礙重複旋轉

目標 障礙 1、2、3 重複旋轉。

分析  障礙1、障礙2、障礙3 障礙 1、2、3 重複旋轉。

解析 1. 應用 控制 的 重複無限次 重複執行結構。

2. 再應用 動作 的 右轉 15 度 重複旋轉。

步驟

1 點選  【障礙 1】，

拖曳 重複無限次 與 右轉 15 度 到

顯示 下方，輸入【1】。

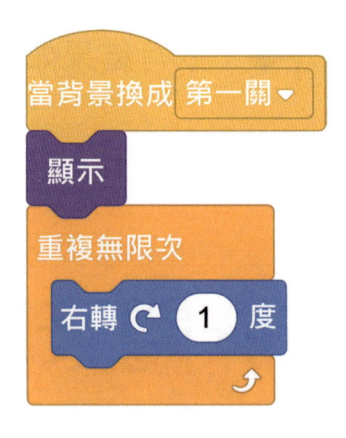

```
當背景換成 第一關
顯示
重複無限次
    右轉 1 度
```

2 重複步驟 1，拖曳相同積木到障礙 2 與障礙 3。

劃重點

角色旋轉時，以造型中心 ⊕ 為中心點旋轉。

障礙 1 與 2，造型中心在中央 	障礙 3，造型中心在下方 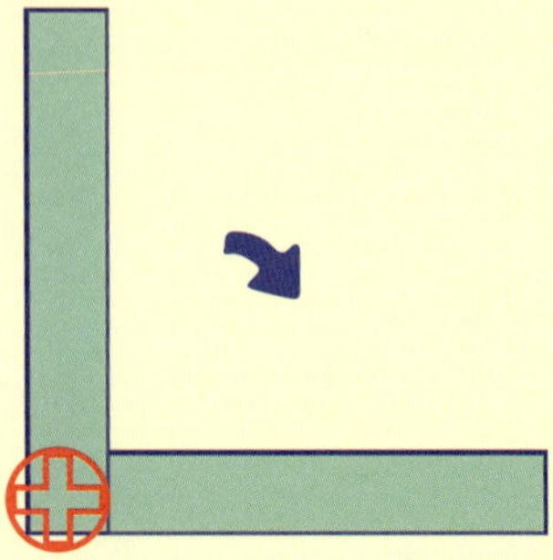

chapter 7　貓咪闖天關

7-5 鍵盤控制角色移動

目標　當鍵盤按下「向上鍵」、「向下鍵」、「向左鍵」、「向右鍵」，貓咪一偵測「淺藍色」向上、向下、向左、向右移動。

分析　貓咪一，當鍵盤按下「向上鍵」、「向下鍵」、「向左鍵」、「向右鍵」，貓咪往上、下、左、右移動。

解析　1. 應用 `事件` 的 `當 空白 鍵被按下`，當按下鍵盤的向上、向下、向左、向右鍵，啟動程式執行。

2. 再應用 `動作` 的 `移動 10 點`、`x 改變 10` 或 `y 改變 10` 控制角色移動。

步驟

1 點選【貓咪一】，按 `動作`，拖曳 `迴轉方式設為 左-右` 與 `定位到 x: -210 y: 120` 到 `當 ▶ 被點擊` 下方，設定角色定位、左右迴轉，避免倒立。

2 按 `事件`，拖曳 4 個 `當 空白 鍵被按下`，分別點選【向上】、【向下】、【向左】、【向右】。

3 拖曳 4 個 `面朝 90 度`，在【向上】、【向下】、【向左】、【向右】，分別點選【0度】、【180度】、【-90度】、【90度】。

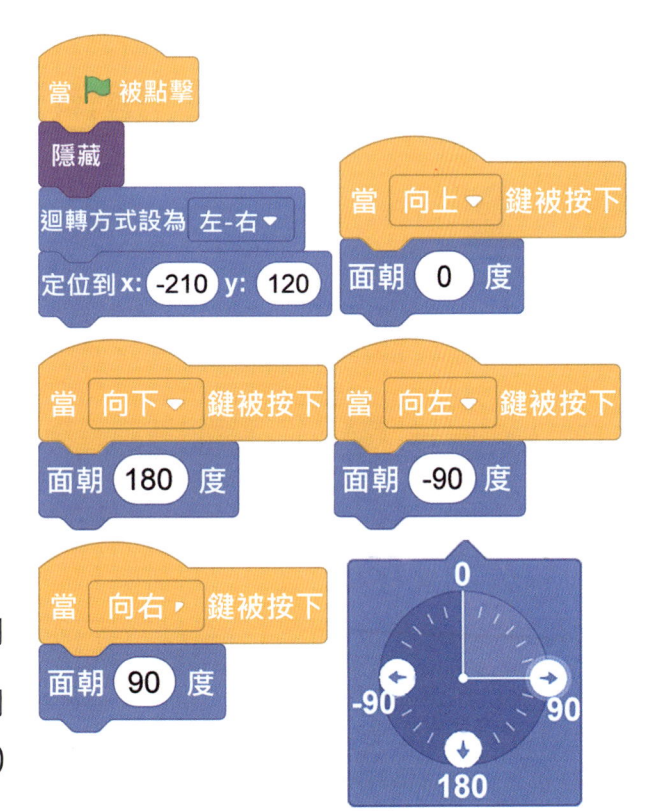

4 點按 ▶，再按任何鍵開始遊戲時，按下鍵盤的 ↑、↓、←、→ 鍵，檢查貓咪一，是否面朝左右，不會呈現倒立。

Scratch3.0 創意程式設計融入學習領域

5 按 ⬤ 控制，拖曳 4 個「如果 那麼」。

6 按 ⬤ 動作，拖曳 2 個「x 改變 10」到向左與向右，在向左輸入【-10】。

7 拖曳 2 個「y 改變 10」到向上與向下，在「向下」輸入【-10】。

劃重點
改變的參數愈大（15、20 或 25），移動距離愈遠，速度愈快；參數愈小，速度愈慢。

當 向下 鍵被按下
面朝 180 度
如果 那麼
　y 改變 -10

當 向上 鍵被按下
面朝 0 度
如果 那麼
　y 改變 10

當 向左 鍵被按下
面朝 -90 度
如果 那麼
　x 改變 -10

當 向右 鍵被按下
面朝 90 度
如果 那麼
　x 改變 10

7-6 角色偵測顏色移動

目標 貓咪一偵測顏色，向上、向下、向左、向右移動。

分析 1. 貓咪一偵測「淺藍色」，向上、向下、向左、向右移動。
2. 如果貓咪一碰到邊緣「檸檬綠色」無法移動。

解析 1. 應用 ⬤ 偵測 的「碰到顏色 ?」，偵測顏色，向上、向下、向左、向右移動。
2. 如果移動之後，偵測碰到「檸檬綠色」，退回移動的點數。

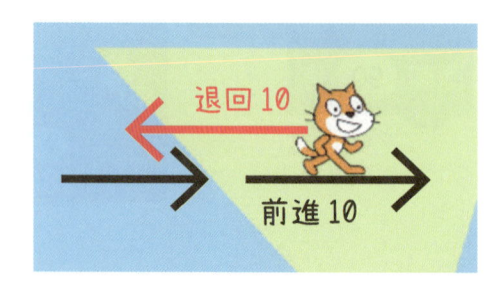

退回 10
前進 10

128

步驟

1 按 **偵測**，拖曳 4 個 `碰到顏色 ?`。

2 點選 🎨【選取顏色】，在舞台的「淺藍色」點一下，選取舞台的淺藍色。

3 在 **如果** 按右鍵複製積木，偵測【檸檬綠色】，再將 y 改變 10，改為【-10】，退回原來的淺藍色。

4 重複步驟 1～3，拖曳下圖積木，點按 🚩，再按任何鍵開始遊戲時，按下鍵盤的↑、↓、←、→鍵，檢查貓咪一，是否在遇到淺藍色時前進，碰到檸檬綠色則無法前進。

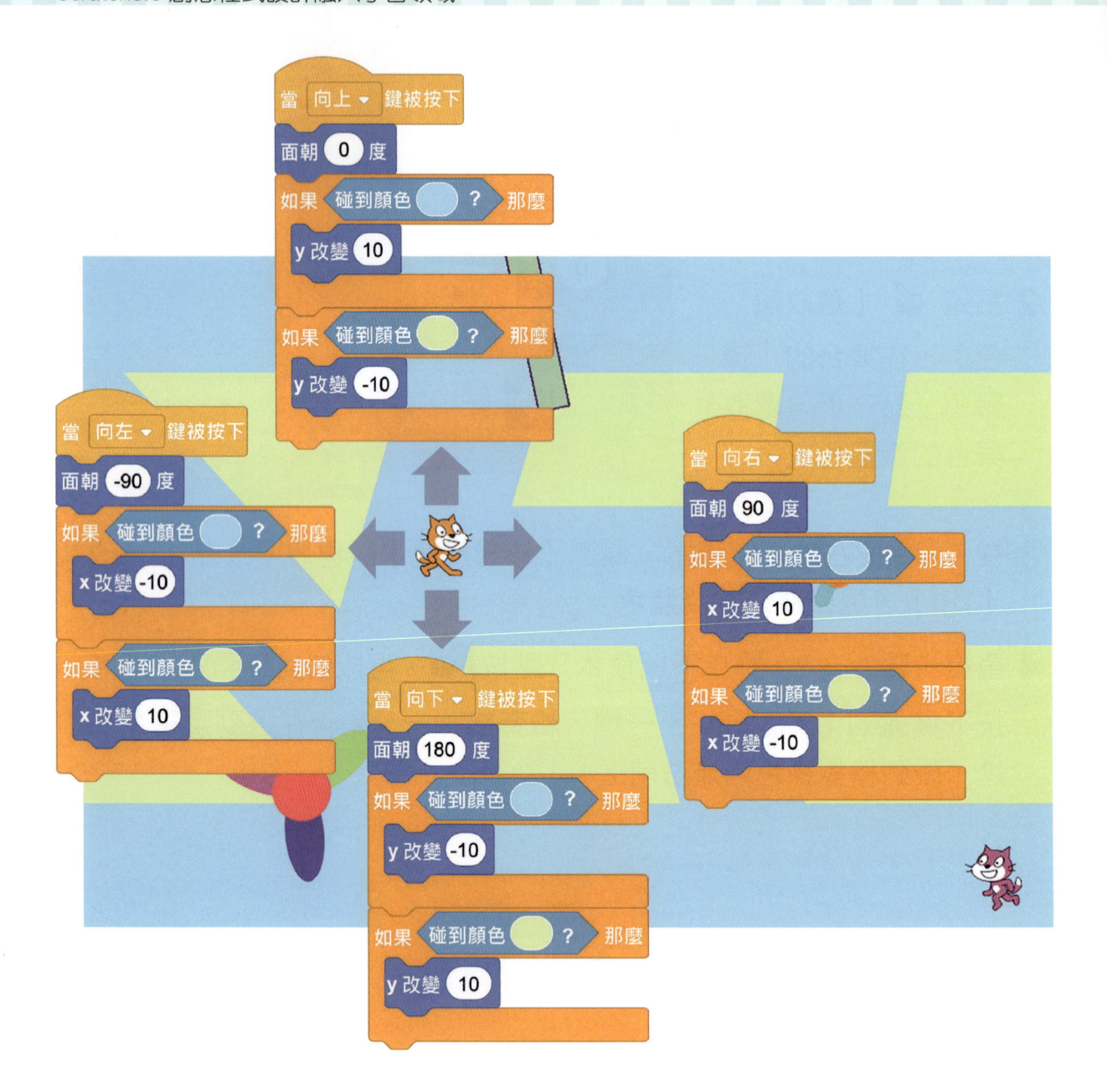

Scratch3.0 創意程式設計融入學習領域

當 向上 鍵被按下
面朝 0 度
如果 碰到顏色 ? 那麼
　y 改變 10
如果 碰到顏色 ? 那麼
　y 改變 -10

當 向左 鍵被按下
面朝 -90 度
如果 碰到顏色 ? 那麼
　x 改變 -10
如果 碰到顏色 ? 那麼
　x 改變 10

當 向下 鍵被按下
面朝 180 度
如果 碰到顏色 ? 那麼
　y 改變 -10
如果 碰到顏色 ? 那麼
　y 改變 10

當 向右 鍵被按下
面朝 90 度
如果 碰到顏色 ? 那麼
　x 改變 10
如果 碰到顏色 ? 那麼
　x 改變 -10

7-7 闖關成功與失敗

一 闖關成功

目標 當貓咪一碰到貓咪二時，說出遊戲計時器的秒數，並切換「成功」的背景。

分析 貓咪二說出遊戲計時器的秒數。

解析 1. 開始闖天關時，應用 偵測 的 計時器重置 ，將計時器歸零。

2. 再利用 計時器 積木傳回計時器的時間。

步驟

1. 點選【貓咪二】，按 偵測 ，拖曳 計時器重置 到 顯示 下方。開始闖天關時，將計時器歸零。

2. 拖曳積木讓貓咪一說出：「計時×××（計時器的時間）」2秒。

3. 拖曳 背景換成 首頁 ，點選【成功】。

4. 拖曳 停止 全部 。

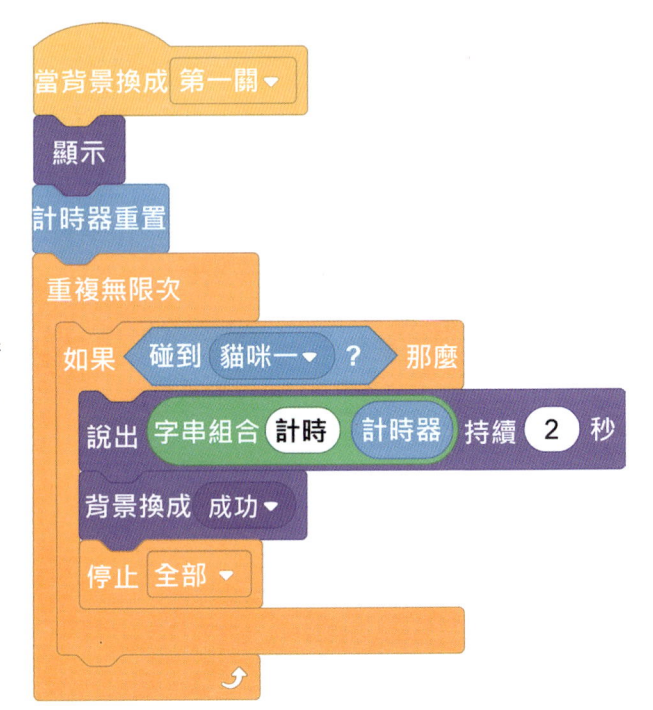

5 點按 🚩，再按任何鍵開始遊戲，同時檢查闖關成功是否會說出遊戲計時器的時間，並切換背景。

二 闖關失敗

目標 如果貓咪一碰到「障礙」，扣生命值 1。
如果貓咪的生命值 =0，遊戲結束，切換背景「失敗」。

分析 貓咪一，計算碰到障礙，每碰到一次，扣生命值 1。

解析 1. 利用 變數 建立 生命值 變數，計算貓咪一遊戲過程中生命值的變化。

2. 當貓咪一碰到障礙， 變數 生命值▼ 改變 -1 將生命值改變 -1。

步驟

1. 拖曳 `重複無限次` 與 `如果 ◯ 那麼`。

2. 按 `偵測`，拖曳 `碰到 鼠標▼ ?`，點選【障礙1】。

3. 按 `變數`，建立一個變數，輸入【生命值】。

4. 拖曳 `變數 生命值▼ 改變 1`，輸入【-1】，到 **如果** 內層。

5. 拖曳 `等待 1 秒`，等待 1 秒改變 1 個生命值。

6. 重複上述步驟，複製 3 個「如果」，改成右圖積木。

7. 點按 🏳，再按任何鍵開始遊戲，同時檢查闖關失敗時是否會切換失敗背景。

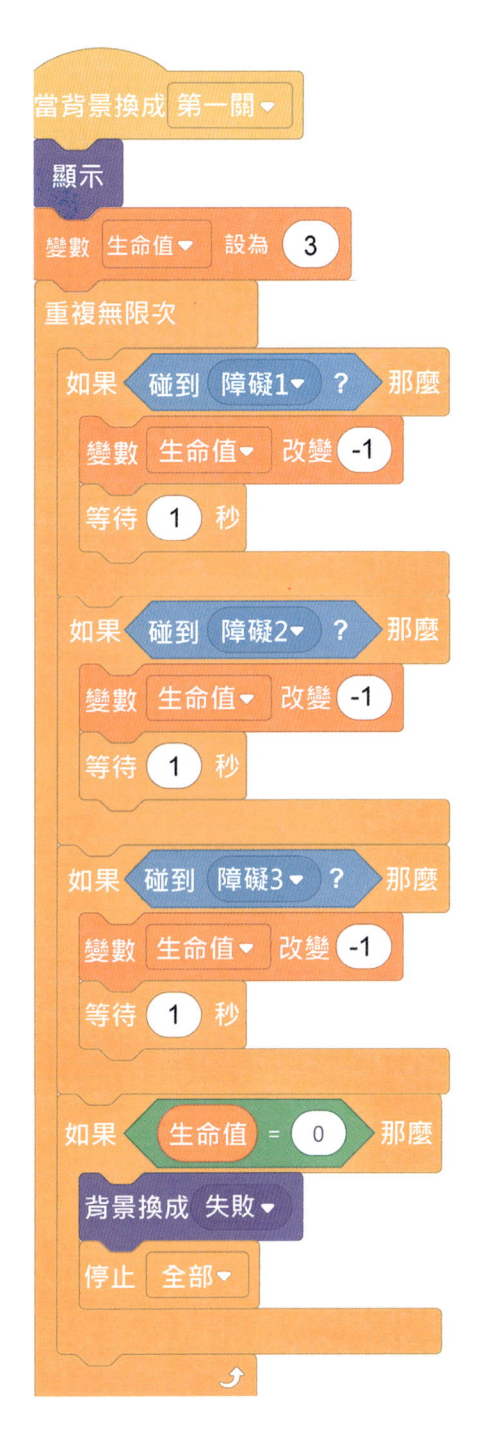

Chapter 7 課後習題

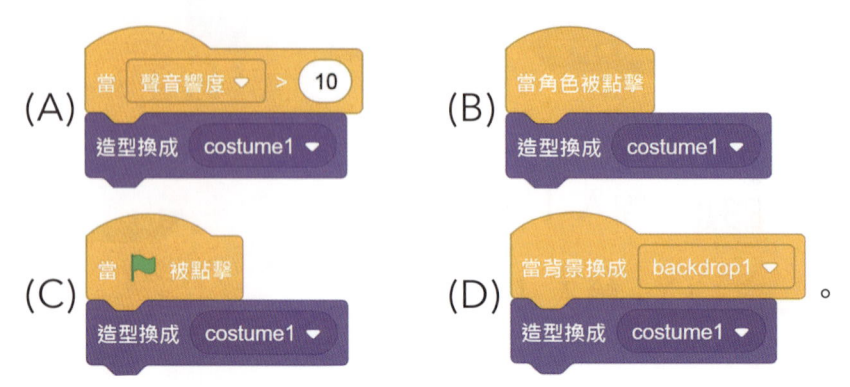

_____ 1. 如果想要設計「切換背景」，啟動角色將造型切換為 costume1 時，應該使用下列哪一個積木？

(A) 當 聲音響度 > 10 / 造型換成 costume1

(B) 當角色被點擊 / 造型換成 costume1

(C) 當 ▶ 被點擊 / 造型換成 costume1

(D) 當背景換成 backdrop1 / 造型換成 costume1 。

_____ 2. 如下圖，關於程式積木的敘述，何者**錯誤**？

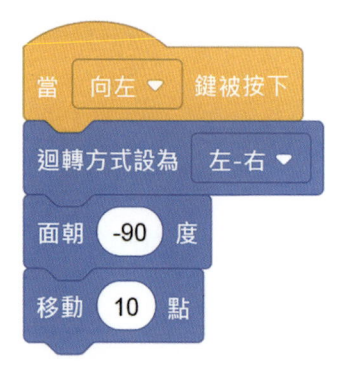

當 向左 ▼ 鍵被按下
迴轉方式設為 左-右 ▼
面朝 -90 度
移動 10 點

(A) 角色會 360 度旋轉
(B) 按下鍵盤←箭頭，角色才移動
(C) 角色面向左移動 10 點
(D) 屬於循序結構。

_____ 3. 如果程式想加入「計時」的功能，應該使用下列哪一個積木，讓計時器從 0 開始計時？

(A) 目前時間的 年 ▼

(B) 計時器重置

(C) 2000年迄今日數

(D) 計時器 。

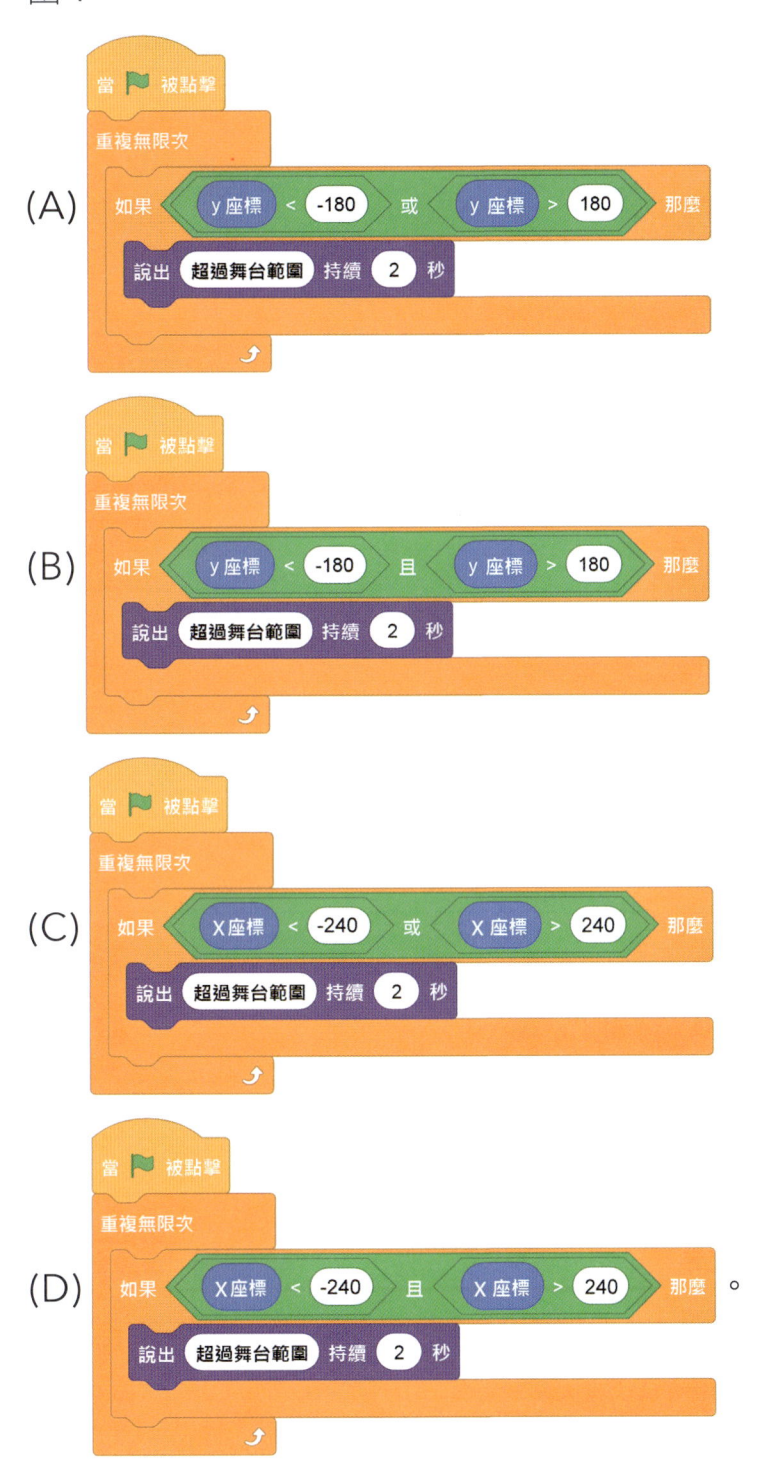

_____ 4. 下列哪一個程式積木,能夠判斷角色是否超過舞台的高度範圍?

(A) 如果 y座標 < -180 或 y座標 > 180 那麼,說出 超過舞台範圍 持續 2 秒

(B) 如果 y座標 < -180 且 y座標 > 180 那麼,說出 超過舞台範圍 持續 2 秒

(C) 如果 X座標 < -240 或 X座標 > 240 那麼,說出 超過舞台範圍 持續 2 秒

(D) 如果 X座標 < -240 且 X座標 > 240 那麼,說出 超過舞台範圍 持續 2 秒

_____ 5. 下列哪一個程式積木，能夠判斷角色是否超過舞台的寬度範圍？

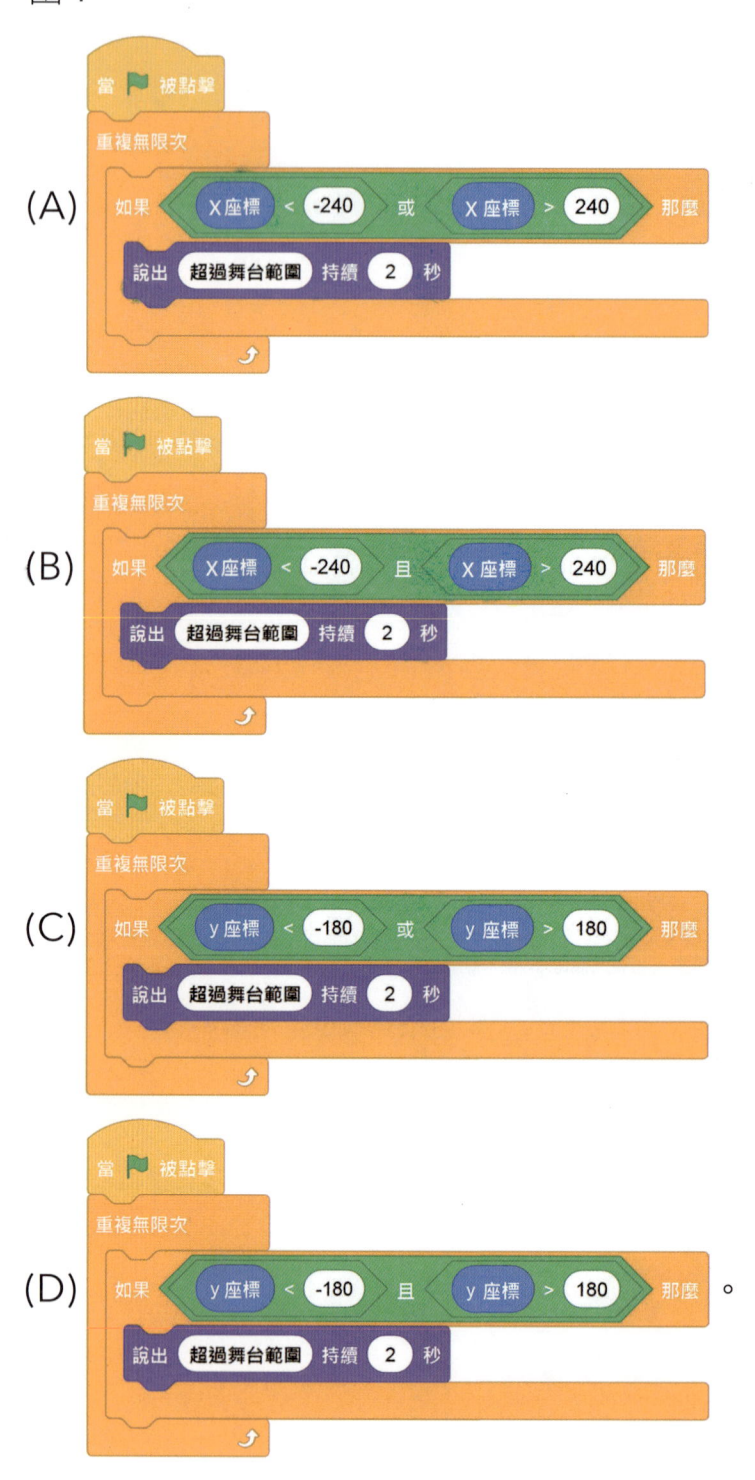

(A) 當▶被點擊／重複無限次／如果 X座標 < -240 或 X座標 > 240 那麼／說出 超過舞台範圍 持續 2 秒

(B) 當▶被點擊／重複無限次／如果 X座標 < -240 且 X座標 > 240 那麼／說出 超過舞台範圍 持續 2 秒

(C) 當▶被點擊／重複無限次／如果 y座標 < -180 或 y座標 > 180 那麼／說出 超過舞台範圍 持續 2 秒

(D) 當▶被點擊／重複無限次／如果 y座標 < -180 且 y座標 > 180 那麼／說出 超過舞台範圍 持續 2 秒

Chapter 8 英文語音翻譯與打字

　　本章將利用 Scratch 3 的偵測、文字轉語音與翻譯積木,設計「英文語音翻譯與打字」專題。程式開始執行時,由角色說明操作方式,「按 1 輸入英文,翻譯成中文文字」、「按 2 輸入中文,翻譯成英文文字,並唸出英文語音」或「按下 A～Z 練習英文鍵盤打字,並唸出 A～Z 語音」。

學習目標

1. 能夠設計偵測鍵盤輸入按鍵。
2. 能夠以語音唸出 A～Z 發音。
3. 能夠將中文翻譯成英文文字,並唸出英文語音。
4. 能夠將英文翻譯成中文文字。

8-1 英文語音翻譯與打字腳本規劃

程式開始執行時，由角色說明操作方式，「按1輸入英文，翻譯成中文文字」、「按2輸入中文，翻譯成英文文字，並唸出英文語音文字」或「按下A～Z練習英文鍵盤打字，並唸出A～Z語音」。

舞台	角色	動畫情境
背景 自訂	Pico Walking	程式開始，「Pico Walking」說出操作說明各1秒： 1.「按1輸入英文，翻譯成中文文字」。 2.「按2輸入中文，翻譯成英文文字，並唸出英文語音文字」。 3.「按下A～Z練習英文鍵盤打字，並唸出A～Z語音」。
	字母「A」～「Z」	1.「A」～「Z」定位在舞台固定位置。 2. 當正確輸入「A」～「Z」字母 　① 唸出「A」～「Z」發音。 　②「A」～「Z」隱藏0.01秒再顯示。

8-2 英文語音翻譯與打字流程設計

英文語音翻譯與打字程式執行流程如下圖所示。

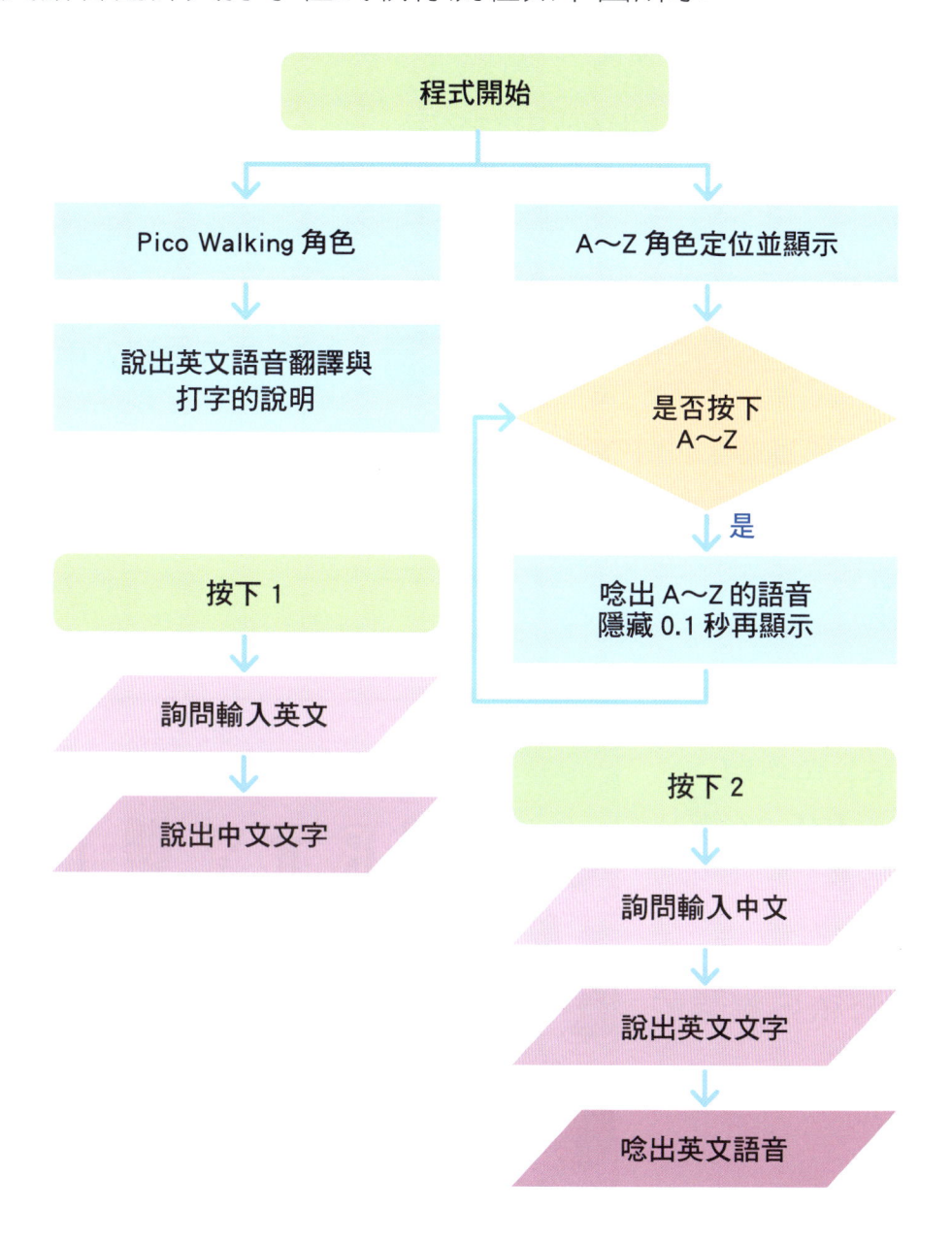

```
                            程式開始
                    ┌──────────┴──────────┐
                    ↓                      ↓
            Pico Walking 角色         A～Z 角色定位並顯示
                    ↓                      ↓
            說出英文語音翻譯與     ┌──→ 是否按下 A～Z
              打字的說明          │         ↓ 是
                                  │    唸出 A～Z 的語音
                                  └──  隱藏 0.1 秒再顯示
                 按下 1
                    ↓                   按下 2
              詢問輸入英文               ↓
                    ↓                詢問輸入中文
              說出中文文字               ↓
                                     說出英文文字
                                        ↓
                                     唸出英文語音
```

8-3 翻譯

目標 Scratch 翻譯功能可以翻譯中文等 61 國語言。將英文翻成中文或將中文翻成英文。

分析
1. 按 1 輸入英文,翻譯成中文文字。
2. 按 2 輸入中文,翻譯成英文文字。

解析
1. 利用 [翻譯] 的將英文翻譯成中文。
2. 利用 偵測 的 [詢問 What's your name? 並等待],等待使用者輸入中文。
3. 將使用者輸入的中文暫存在 [詢問的答案],再利用 [文字 詢問的答案 翻譯成 英文] 翻譯成英文。

步驟

1 新增背景【Pico Walking】角色與【A】～【Z】26 個英文字母角色。

2 將【A】～【Z】26 個英文字母依照鍵盤的位置排列。

劃重點

或開啟 Ch8 英文語音翻譯與打字練習檔 .sb3。

chapter 8　英文語音翻譯與打字

3 點選【Pico Walking】，按 事件，拖曳 當▶被點擊。

當▶被點擊
說出 按1輸入英文，翻譯成中文文字 持續 1 秒
說出 按2輸入中文，翻譯成英文文字，並唸出英文語音 持續 1 秒
說出 按下A~Z練習英文鍵盤打字，並唸出A~Z語音 持續 1 秒

4 外觀，拖曳 3 個 說出 Hello! 持續 2 秒，輸入右方訊息，各 1 秒。

5 按 ➕（添加擴展），點選【文字轉語音】。

6 重複步驟 3，添加【翻譯】積木。

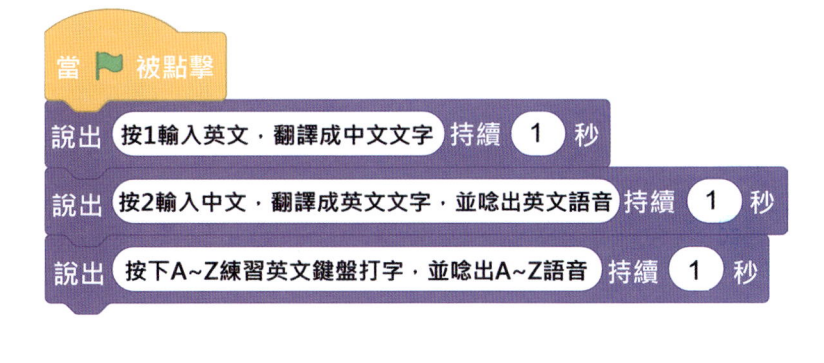

7 按 事件，拖曳 2 個 當 空白 鍵被按下，點選【1】與【2】。

8 按 偵測，拖曳 詢問 What's your name? 並等待，輸入【輸入英文，翻譯成中文文字】。

9 按 外觀，拖曳 說出 Hello! 到 唸出 hello 下方。

10 按 翻譯，拖曳 文字 hello 翻譯成 阿爾巴尼亞文 ▼ 到「hello」位置，點選【中文(繁體)】。

141

11 按 偵測，拖曳 詢問的答案 到「hello」。

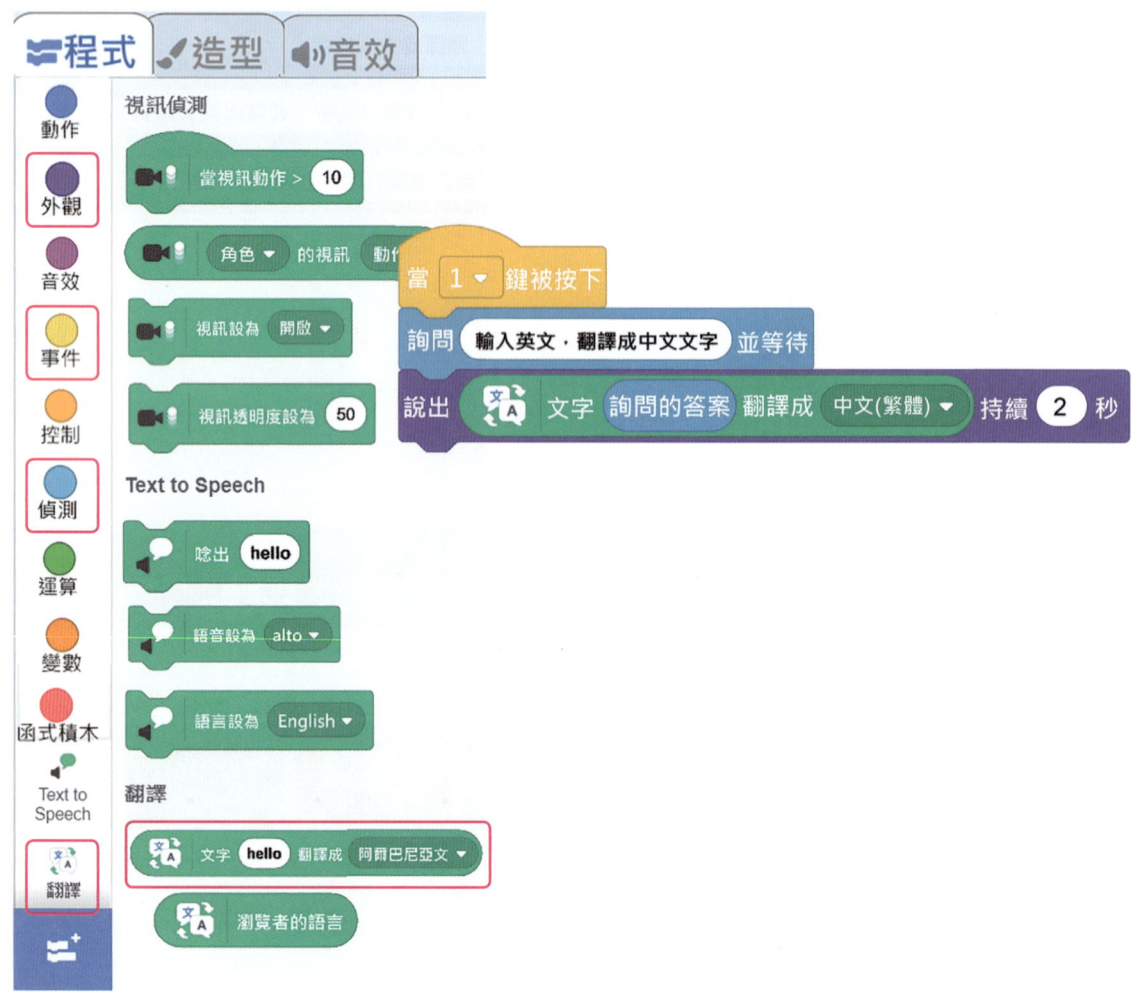

12 ▶，檢查角色是否說出操作說明各 1 秒。

13 按 1，輸入英文【I am coding.】，檢查是否翻譯成中文【我正在編碼】。

劃重點

單字或句子皆可翻譯。

chapter 8 英文語音翻譯與打字

8-4 文字轉語音

目標 按 2 輸入中文，翻譯成英文文字，並唸出英文語音。

分析 按 2 輸入中文，翻譯成英文文字，並唸出英文語音。

解析 利用 文字轉語音 的 唸出 hello 唸出，將 文字 詢問的答案 翻譯成 英文 翻譯的結果，以英文語音唸出。

步驟

1 按 文字轉語音，拖曳 語音設為 alto，點選【尖細】，語音的音調為「尖細」。

劃重點
唸出語音時，請開啟電腦喇叭。

當 2 鍵被按下
語音設為 尖細
詢問 輸入中文，翻譯成英文文字，並唸出英文語音 並等待
說出 文字 詢問的答案 翻譯成 英文 持續 2 秒
唸出 文字 詢問的答案 翻譯成 英文

2 複製「按1」的「詢問與說出」改為【輸入中文，翻譯成英文文字，並唸出英文語音】、將翻譯改為【英文】。

3 唸出 hello 唸出與 文字 詢問的答案 翻譯成 英文 。

4 🚩，按 2，輸入中文【美國麻省理工學院】，檢查是否翻譯成英文【Massachusetts Institute of Technology】並唸出英文（MIT）的語音。

143

8-5 英文打字與語音

目標 按下 A～Z 練習英文鍵盤打字，並唸出 A～Z 語音。

分析 按下 A～Z 練習英文鍵盤打字，並唸出 A～Z 語音。

解析 1. 利用 `偵測` 的 `空白▼ 鍵被按下?` ，偵測鍵盤輸入 A～Z。

2. 再利用 `文字轉語音` 的 `唸出 hello` ，唸出輸入的 A～Z。

步驟

1 點選角色【A】 `A-block` ，拖曳下圖積木，程式開始執行時先定位再顯示。

2 按 `偵測` ，拖曳 `空白▼ 鍵被按下?` ，點選【a】，偵測是否按下鍵盤的 a 鍵。

3 按 `文字轉語音` ，拖曳 `語言設為 English▼` 與 `語音設為 alto▼` ，點選【tenor】設定男性英文的語音。

4 拖曳 `唸出 hello` ，輸入【a】，如果按下 a 鍵，就唸出 a 的語音。

5 拖曳 `隱藏 / 等待 1 秒 / 顯示` ，按下 a 鍵時，角色 A 閃爍。

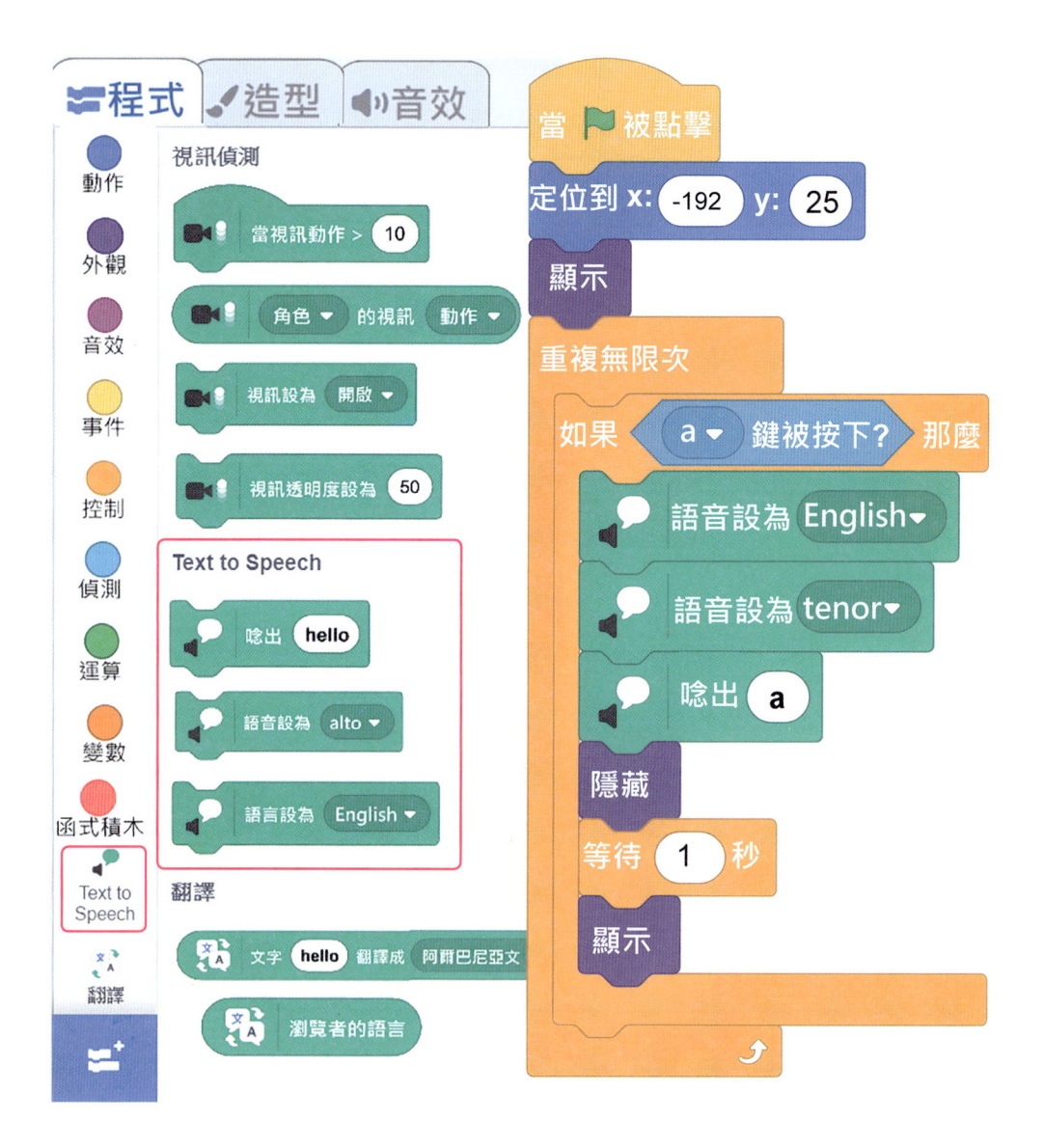

chapter 8 英文語音翻譯與打字

6 將「A」的程式拖曳到「B」放開，複製程式。

7 更改角色「B」的【定位】、【b 鍵被按下】、【唸出 b】。

8 重複步驟 6～7，更改 C～Z 的【定位】、【c 鍵被按下】、【唸出 c】。

9 按 🚩，再按鍵盤的 A～Z，檢查是否唸出 A～Z 的語音。

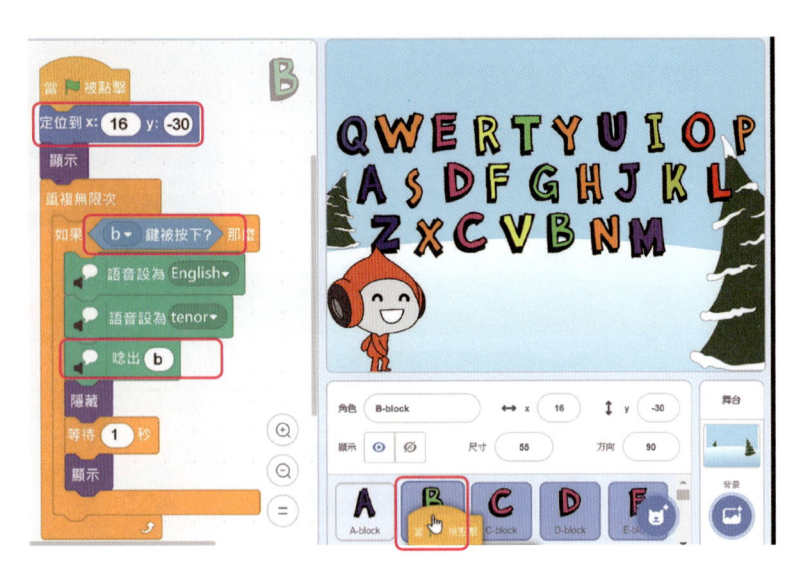

Chapter 8 課後習題

_____ 1. 如果想設計「偵測鍵盤是否按下按鍵」，應該使用下列哪一個積木？

(A) 碰到 鼠標 ？ (B) 滑鼠鍵被按下？

(C) 空白 鍵被按下？ (D) 與 鼠標 的間距 。

_____ 2. 如下圖，程式積木的執行結果為何？

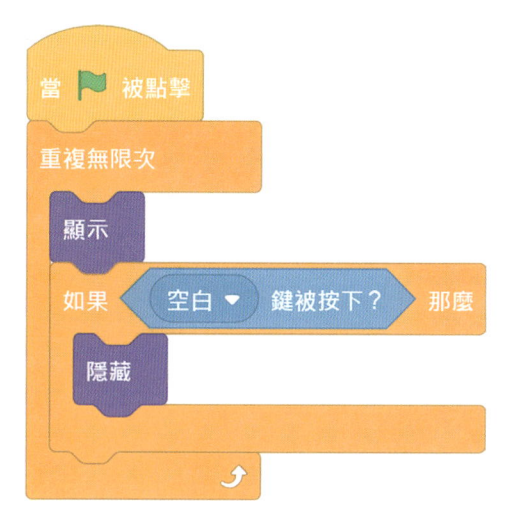

(A) 按下空白鍵，角色隱藏，按下綠旗才顯示
(B) 按下空白鍵，角色隱藏再顯示
(C) 按下空白鍵，角色顯示
(D) 沒按下空白鍵之前，角色隱藏。

_____ 3. 如右圖，程式積木的執行結果為何？

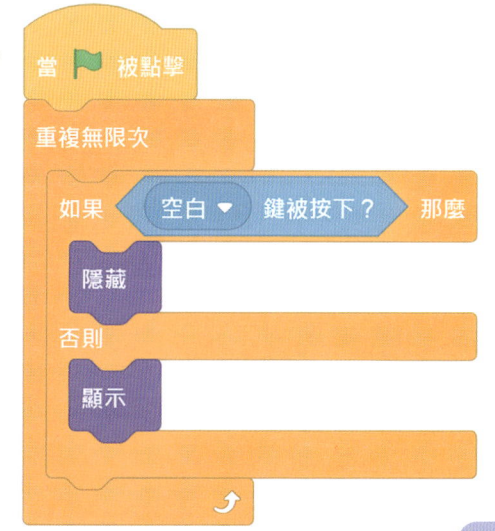

(A) 按下空白鍵，角色顯示
(B) 按下空白鍵，角色隱藏，按下綠旗才顯示
(C) 按下空白鍵，角色隱藏再顯示
(D) 沒按下空白鍵之前，角色隱藏。

_____ 4. 如下圖，程式積木的執行結果為何？

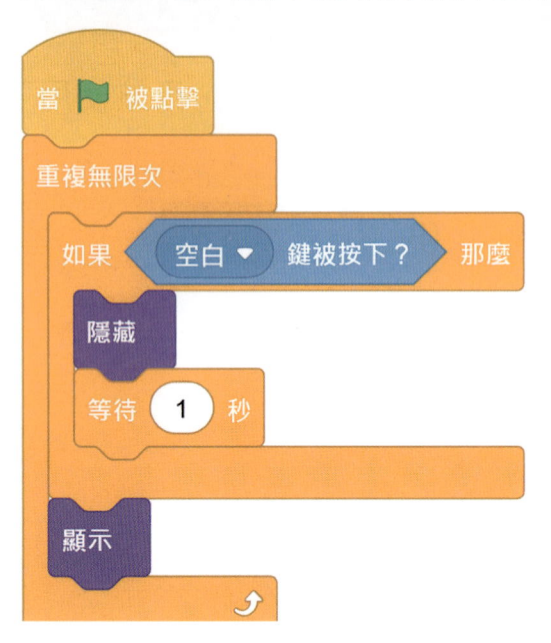

(A) 按下空白鍵，角色永遠隱藏
(B) 按下空白鍵，角色隱藏 1 秒，按下綠旗才顯示
(C) 按下空白鍵，角色隱藏 1 秒，之後再顯示
(D) 按下空白鍵，角色顯示。

_____ 5. 在 Scratch 擴展的文字轉語音積木中，下圖程式的執行結果為何？

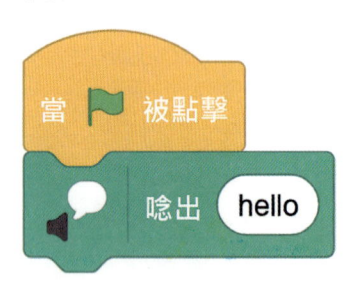

(A) 角色說：「hello」文字
(B) 電腦的喇叭播放 hello 語音
(C) 角色說：「你好」文字
(D) 角色說：「你好」語音及文字。

課後習題解答

Chapter 1

1	2	3	4	5
C	A	D	A	A

Chapter 2

1	2	3	4	5
B	A	A	C	C

Chapter 3

1	2	3	4	5
A	A	B	B	A

Chapter 4

1	2	3	4	5
C	A	A	A	C

Chapter 5

第 79 頁，連連看解答

1	2	3	4	5	6	7	8
C	E	G	B	D	H	A	F

課後習題

1	2	3	4	5
A	D	B	A	A

Chapter 6

1	2	3	4	5
B	D	B	D	C

Chapter 7

1	2	3	4	5
D	A	B	A	A

Chapter 8

1	2	3	4	5
C	B	C	C	B

Chapter 1

1. `滑行 1 秒到 x: 0 y: 0` 角色 1 秒滑行到 (0，0) 的位置，秒數愈大滑行速度愈慢。

2. `移動 10 點` 會讓角色移動，不會固定到某一坐標位置。

3. `定位到 x: 0 y: 0` 能夠將角色固定在舞台坐標 (0，0)。

4. 小貓在最上層，汽車在最下層。

5. 説出或想著有秒數時，程式執行秒數之後自動隱藏文字。

Chapter 2

1. 將 apple 加上 banana=applebanana。

2. Do 音階為 60。

3.

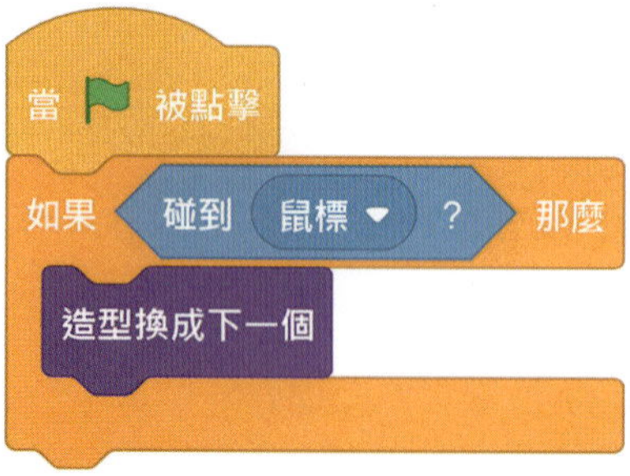

很快執行，沒有換造型。

點擊角色時，換下一個造型。

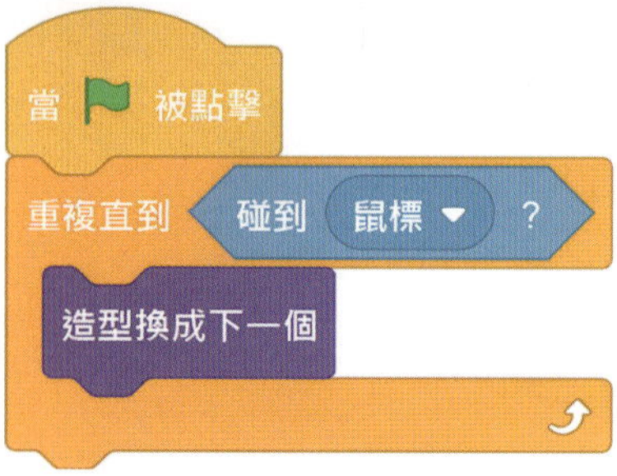

一直換造型直到碰到鼠標。

4.

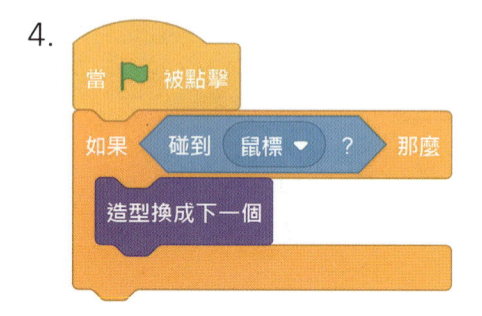

很快執行，沒有換造型。

點擊角色時換下一個造型。

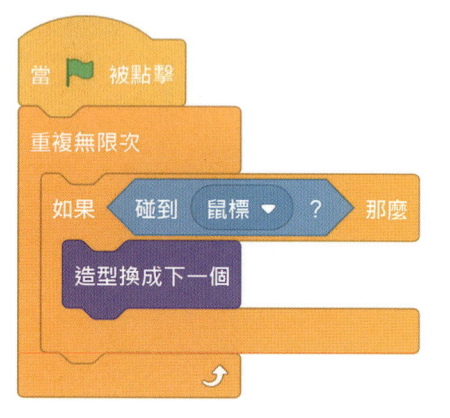

如果碰到鼠標，就換下一個造型。

5. 重複偵測角色是否有碰到滑鼠游標，碰到時角色變大，滑鼠游標離開時，角色恢復原來大小。

Chapter 3

1. (B)(C)(D) 皆傳回運算的結果。
2. 廣播訊息要使用「廣播訊息……」積木，再新增新的訊息。
3. 重複執行「在 1 秒內滑行到隨機位置」。
4. 得分屬於變數資料。
5. 重複執行「定位到（鼠標）位置」，角色會隨著滑鼠游標移動。

Chapter 4

1. ![當角色被點擊 造型換成下一個] 為循序結構。
2. ![面朝 90 度] 角色面朝右，不移動。
3. (B) ![筆跡顏色設為] 設定筆跡顏色為藍色，不變。
   (C) ![筆跡寬度設為 1] 設定筆跡寬度固定為 1，不變。
   (D) ![筆跡 顏色 改變 10] 筆跡的顏色隨著程式的執行每次改變 10。
4. 重複執行六次「先改變顏色，畫一個邊長之後旋轉 60 度」，畫出六個不同顏色的正六邊形。
5. 如果輸入 12，角色說出：「30」。

Chapter 5

1. ![< 50] 判斷「某數 <50」是否成立。
2. (5+8)=13。
3. (5-8)=-3。
4. (5*8)=40。
5. (8/2)=4。

Chapter 6

1. 圖書目錄屬於清單資料。
2. 「書名」是清單，「圖書編號」是變數。
3. ![詢問 中文 的第 題目 項 並等待] 程式詢問中文清單的題目。
4. 3*4=12。
5. 按下 c，角色說 3。

Chapter 7

1. 切換背景時，角色變化造型，所以要選「當背景換成……」的事件積木。
2. 角色不會旋轉，只會左右翻轉。

3. 計時器在程式開始時，就會開始計時，若要加入計時功能，要將計時器重置。

4. 舞台高度的 Y 坐標值介於 -180 ～ 180，故判斷「Y 坐標 ≤ -180」或「Y 坐標 >180」。

5. 舞台寬度的 X 坐標值介於 -240 ～ 240，故判斷「X 坐標 ≤ -240」或「X 坐標 >240」。

Chapter 8

1.

可偵測鍵盤是否按下指定按鍵。

2. 角色重複顯示，當按下空白鍵角色隱藏後，再重新顯示。

3. 角色重複顯示，當按下空白鍵角色隱藏後，再重新顯示

4. 角色重複顯示，當按下空白鍵角色隱藏 1 秒之後，再重新顯示。

5. 在網路連線狀態下，Scratch 角色以電腦喇叭播放 hello 英文語音。

筆記頁

筆記頁

書　　　名	Scratch3.0創意程式設計融入學習領域
書　　　號	PN212
版　　　次	2022年11月初版
編 著 者	王麗君
責 任 編 輯	九玨文化　周玉娟
校 對 次 數	8次
版 面 構 成	楊蕙慈
封 面 設 計	楊蕙慈

國家圖書館出版品預行編目資料

Scratch3.0創意程式設計融入學習領域 / 王麗君著 -- 初版. -- 新北市：台科大圖書股份有限公司,2022.11
160 面 ; 26 × 19公分
ISBN 978-986-523-529-1(平裝)
1.CST: 電腦教育 2.CST: 電腦程式設計 3.CST: 初等教育
523.38　　　　　　　　　　　　　　111014782

出 版 者	台科大圖書股份有限公司
門 市 地 址	24257新北市新莊區中正路649-8號8樓
電　　　話	02-2908-0313
傳　　　真	02-2908-0112
網　　　址	tkdbooks.com
電 子 郵 件	service@jyic.net

版 權 宣 告　　**有著作權　侵害必究**

本書受著作權法保護。未經本公司事前書面授權，不得以任何方式（包括儲存於資料庫或任何存取系統內）作全部或局部之翻印、仿製或轉載。

書內圖片、資料的來源已盡查明之責，若有疏漏致著作權遭侵犯，我們在此致歉，並請有關人士致函本公司，我們將作出適當的修訂和安排。

郵 購 帳 號	19133960
戶　　　名	台科大圖書股份有限公司
	※郵撥訂購未滿1500元者，請付郵資，本島地區100元 / 外島地區200元
客 服 專 線	0800-000-599
網 路 購 書	PChome商店街　JY國際學院　　博客來網路書店　台科大圖書專區
各服務中心	總　公　司　02-2908-5945　　台中服務中心　04-2263-5882 台北服務中心　02-2908-5945　　高雄服務中心　07-555-7947
	線上讀者回函　歡迎給予鼓勵及建議　tkdbooks.com/PN212